U0173379

有趣的童话，神秘的世界，严谨的科学

快乐读书吧

互联网＋创新版 小学生课外阅读

灰尘的旅行

细菌世界历险记

李欣 绘   高士其 著

全国百佳图书出版单位
吉林出版集团股份有限公司

图书在版编目（CIP）数据

灰尘的旅行 : 细菌世界历险记 / 高士其著. -- 长
春 : 吉林出版集团股份有限公司, 2021.6（2023.4 重印）
（互联网+创新版）
ISBN 978-7-5534-5911-0

Ⅰ.①灰… Ⅱ.①高… Ⅲ.①细菌 - 青少年读物
Ⅳ.①Q939.1-49

中国版本图书馆CIP数据核字(2021)第104073号

灰尘的旅行　细菌世界历险记
HUICHEN DE LUXING　XIJUN SHIJIE LIXIAN JI

著：高士其
绘：李　欣
主　　编：顾振彪
责任编辑：沈丽娟
封面设计：小韩工作室
开　　本：710mm×1000mm 1/16
字　　数：220千字
印　　张：11
版　　次：2020 年 6 月第 1 版
印　　次：2023 年 4 月第 11 次印刷

出　　版：吉林出版集团股份有限公司
发　　行：吉林出版集团外语教育有限公司
地　　址：长春市福祉大路5788号龙腾国际大厦B座7层
电　　话：总编办：0431-81629929
　　　　　　数字部：0431-81629937
　　　　　　发行部：0431-81629927　0431-81629921(Fax)
网　　址：www.360hours.com
印　　刷：天津泰宇印务有限公司

ISBN 978-7-5534-5911-0　　　定价：26.80元

导读

　　1999 年 12 月 14 日，经国际小行星命名委员会审议通过，中国科学院紫金山天文台将新发现的一颗小行星正式命名为"高士其星"，以纪念和表彰中国著名科学家、科普作家、教育家高士其先生对科学与人类，特别是对中国科普事业的发展所做出的杰出贡献。消息一传出，人们在兴奋的同时，纷纷感叹：在早期的中国科普事业中，贡献最卓越者非高士其先生莫属。

　　高士其（1905-1988），原名高仕錤，福建福州人。1925 年，20 岁的高士其赴美留学，先后在威斯康辛大学、芝加哥大学攻读化学、细菌学。由于一次实验中的意外事故，高士其不幸被脑炎病毒感染，留下终身残疾。从 20 世纪 30 年代开始，他开始创作科学小品文，署名"高士其"。当人们问及改名原因时，他笑言："扔掉'人'旁不做官，扔掉'金'旁不要钱。"高士其思想进步，热心革命，曾于 1937 年只身奔赴延安，被毛泽东称为"中国的红色科学家"。高士其一生笔耕不辍，创作了大量科普作品。晚年时，他已全身瘫痪，只能用自己口述、别人记录的形式写作，由于吐字艰难，往往要经过很长时间才完成短短的几句话。但即便如此，高士其先生依然努力克服重重困难，持续为中国的科普事业贡献力量。

《灰尘的旅行》是高士其先生的一部科普精选集，其文风轻松平易，语言生动诙谐，广受各年龄、各阶层的读者欢迎。在这本书中，作者为我们展示了一个奇妙的科普世界：当印度尼西亚的一座火山喷发，最细的灰尘直升至 8 万米的高空，随风飘到世界的各个角落；法国人酿造的葡萄酒举世闻名，古灵精怪的乳酸杆菌却趁其不备潜入桶中，把美酒弄得酸溜溜的；美味的肉汤存放于特制的鹅颈烧瓶中，瓶口敞开着，可那些细菌却费尽九牛二虎之力也无法进入其中饱餐一顿……

　　从内容来讲，本书共包含三个部分：第一部分是作者为细菌代笔的一部"自传"，以"菌儿"的口吻讲述了细菌的身世、习性及其与人类的关系等；第二部分是一系列科学小品，讲述了科学家对细菌的分类、细菌在人体内的活动等趣味知识；第三部分的文章内容最为广泛，既谈到了生物的代谢和繁殖，又讲述了造纸、炼铁等科学故事，涉及生物学、物理学、化学、天文学等许多学科。

　　《灰尘的旅行》收录了高士其先生创作生涯中各个时期的代表性作品，从 20 世纪 30 年代到 80 年代，时间跨度达半个世纪。在这些作品中，作者并不满足于传达科学知识而已，还将自己对文学、历史、哲学甚至时事的思考和见解融入其中，使这本书兼具较高的科学性和思想性。因此，读者在阅读时，应该注意到作品的时代背景，以便更好地理解作品主题。

CONTENTS

目录

科学童话：菌儿自传

科学小品：细菌与人

科学趣谈：细胞的不死精神

科学童话：菌儿自传

我 的 名 称

这一篇文章，是我老老实实的自述，请一位曾直接和我见过几面的人写出来的。

我自己不会写字，写出来，就是蚂蚁也看不见。

我也不曾说话，就有一点儿声音，恐怕苍蝇也听不到。

那么，这位写的人，怎样接收我心里所要说的话呢？

那是暂时的一种秘密，恕我不公开吧。

闲话少讲，且说我为什么自称作"菌儿"。

我原想取名为微子，可惜中国的古人，已经用过了这名字，而且我嫌"子"字有点儿大人气，不如"儿"字谦卑。

自古中国的皇帝，都称为天子。这明明要挟老天爷的声名架子，以号召群众，使小百姓们吓得不敢抬头。古来的圣贤名哲，又都好称为子，什么老子、庄子、孔子、孟子……真是"子"字未免太名贵了，太大模大样了，不如"儿"字来得小巧而逼真。

我的身躯，永远是那么幼小。人家由一粒"细胞"出身，能积成几千，几万，几万万。细胞变成一根青草，一把白菜，一株挂满绿叶的大树，或变成一条蚯蚓，一只蜜蜂，一只大狗，大牛，乃至于大象、大鲸，看得见，摸得着。我呢，也是由一粒细胞出身，虽然分得格外快，格外多，但只恨它们不争气，不团结，所以变来变去，总是那般一盘散沙似的，孤单单的，一颗一颗，又短又细又寒酸。惭愧惭愧，因此今日自命作"菌儿"。为"儿"的原因，是因为小。

至于"菌"字的来历，实在很复杂，很渺茫。屈原所作《离骚》中，有这么一句："杂申椒与菌桂兮，岂维纫夫蕙茝。"这里的"菌"，是指一种香木。这位失意的屈先生，拿它来比喻贤者，以讽刺楚王。我的老祖宗，有没有那样清高，那样香气熏人，也无从查考。

　　不过，现代科学家都已承认，菌是生物中之一大类。菌族菌种，很多很杂，菌子菌孙，布满地球。你们人类所最熟识者，就是煮菜煮面所用的蘑菇香蕈之类，那些像小纸伞似的东西，黑圆圆的盖，硬短短的柄，实是我们菌族里的大汉。当心呀！勿因味美而忘毒，那大菌，有的很不好惹，会毒死你们贪吃的人呀。

　　至于我，我是菌族里最小最小，最轻最轻的一种。小得使你们肉眼看得见灰尘的纷飞，看不见我们也夹在里面飘游。轻得我们好几十万挂在苍蝇脚下，它也不觉着重。真的，我小得还不到苍蝇的眼睛的千分之一，轻

· 3 ·

得还不到一粒灰尘的百分之一哩。

因此，自我的始祖，一直传到现在，在生物界中，混了这几千万年，没有人知道有我。大的生物，都没有看见过我，都不知道我的存在。

不知道也罢，我也乐得过着道道遥遥的生活，没有人来搅扰。天晓得，后来，偏有一位异想天开的人，把我发现了，我的秘密，就渐渐地泄露出来，从此多事了。

这消息一传到众人的耳朵里，大家都惊惶起来，觉得我比黑暗里的影子还可怕。然而始终没有和我对面会见过，仍然是莫名其妙，恐怖中，总带着半信半疑的态度。

"什么'微生虫'？没有这回事，自己受了风，所以肚子痛了。"

"哪里有什么病虫？这都是心火上冲，所以头上脸上生出疖子疔疮来了。"

"寄生虫就说有，也没有那么凑巧，就爬到人身上来，我看，你的病总是湿气太重的缘故。"

这是我亲耳听见三位中医对于三位病家所说的话。我在旁暗暗地好笑。

他们的传统观念，病不是风生，就是火起，不是火起，就是水涌上来的，而不知冥冥之中还有我在把持活动。

因为冥冥之中，他们看不见我，所以又疑云疑雨地叫道："有鬼，有鬼！有狐精，有妖怪！"

其实，哪里来的这些魔物，他们所指的，就是我，而我却不是鬼，也不是狐精，也不是妖怪。我是真真正正，活活现现，明明白白的一种生物，一种最小最小的生物。

既是生物，为什么和人类结下这样深的大仇，天天害人生病，时时暗杀人命呢？

说起来也话长，真是我有冤难申，在这一篇自述里面，当然要分辨个明白，那是后文，暂搁不提。

因为一般人，没有亲见过，关于我的身世，都是出于道听途说，传闻失真，对于我未免胡乱地称呼。

虫，虫，虫——寄生虫，病虫，微生虫，都有一个字不对。我根本就不是动物的分支，当不起"虫"字这尊号。

唤我作病毒吗？太没有生气了。我虽小，仍是有生命的啊。①

病菌，对不对？那只是我的罪名，病并不是我的职业，只算是我非常时的行动，真是对不起。

是了，是了，微菌是了，细菌是了。那固然是我的正名，却有点儿科学绅士气，不合乎大众的口头语，而且还有点儿西洋气，把姓名都颠倒了。

菌是我的姓。我是菌中的一族。

以后你们如果有机缘和我见面，请不必大惊小怪，从容地和我打一个招呼，叫声菌儿好吧。

---

① 病毒本身为一种蛋白质包裹着核酸的复合物，属于非生命物质；而当其侵入细胞后，却能够实现代谢、繁殖等活动，具有了生命特征。

我的籍贯

我们姓菌的这一族是地球通，不论是地球上哪一个角落里，只要有一些水汽和"有机物"，我们都能生存。

我本是一个流浪者。

像西方的吉卜赛民族，流荡成性，到处为家。

像东方的游牧部落，逐着水草而搬移。

又像犹太人，没有了国家，散居异地谋生，都能各自繁荣起来，世界上大富之家，不多是他们的子孙吗？

这些人的籍贯，都很含混。

我又是大地上的"清道夫"，替大自然清除腐物烂尸，全地球都是我工作的区域。

我随着空气的动荡而上升。有一回，我正在天空4000米之上飘游，忽而遇见一位满面都是胡子的科学家，驾着氢气球上来追寻我的踪迹。那时我身轻不能自主，被他收入一只玻璃瓶子里，带到他的实验室里去受罪了。

我又随着雨水的浸润而深入土中。但时时被大水所冲洗，洗到江河湖沼里面去了。那里的水，我真嫌太淡，不够味儿。往往不能得一饱。

犹幸我还抱着一个很大的希望：希望娘姨大姐，贫苦妇人，把我连水挑上去淘米洗菜，洗碗洗锅；希望农夫工人，劳动大众，把我一口气喝尽了，希望由各种不同的途径，到人类的肚肠里去。

人类的肚肠，是我的天堂，

在那儿，没有干焦冻饿的恐慌，

那儿只有吃不尽的食粮。

　　然而事情往往不如意料的美满，这也只好怪我自己太不识相了，不安分守己，饱暖之后，又肆意捣毁人家肚肠的墙壁，于是乱子就闹大了。那个人的肚子，觉着一阵阵的痛，就要吞服蓖麻油之类的泻药，或用灌肠的手法，不是油滑，便是稀散，使我立足不定，这么一泻，就泻出肛门之外了。

　　从此我又颠沛流离，如逃难的灾民一般，幸而不至于饿死，辗转又归到土壤了。

　　初回到土壤的时候，一时寻不到食物，就吸收一些空气里的氮气，以图暂饱。有时又把这些氮气化成了硝酸盐，直接和豆科之类的植物换取别的营养料。有时遇到了鸟兽或人的尸身，那是我的大造化，够我几个月乃至几年享用了。

　　天晓得，20世纪以来，美国的生物学者，渐渐注意到伏于土壤中的我。有一次，我被他们挖起来，拿去化验了。

　　我在化验室里听他们谈论我的来历。

　　有些人就说，土壤是我的家乡。

　　有的以为我是水国里的居民。

　　有的认为我是空气中的浪子。

　　又有的称我是他们肚子里的老主顾。

　　各依各人的试验所得而报告。

　　其实，不但人类的肚子是我的大菜馆，人身上哪一块不干净，哪一块有裂痕伤口，哪一块便是我的酒楼茶店。一切生物的身体，不论是热血或冷血，也都是我求食借宿的地方。只要环境不太干，不太热，我都可以生存下去。

干莫过于沙漠，那里我是不愿去的。埃及古代帝王的尸体，之所以能保藏至今而不坏，也就为着我不能进去的缘故。干之外再加以防腐剂，我就万万不敢去了。

热到了60℃以上，我就渐渐没有生气，一旦到了100℃的沸点，我就没有生望了。我最喜欢暖血动物的体温，那是在37℃左右。

热带的区域，既潮湿又温暖，所以我在那里最惬意，最恰当。因此又有人认为我的籍贯大约是在热带。

最后，有一位欧洲的科学家站起来说，我应属于荷兰籍。

说这话的人以为，在17世纪以前，人类始终没有看见过我，而后来发现我的地方，却在荷兰德尔夫市政府的一位看门老头子的家里。

这事情是发生于公元1675年。

这位看门先生是制显微镜的能手。他所制的显微镜，都是单用一片镜头磨成，并不像现代的复式显微镜那么笨重而复杂，而他那些镜头的放大力，却也不弱于现代科学家所用的。我是亲尝过这些镜头的滋味，所以知道得很清楚。

　　这老头儿，在空闲的时候，便找些小东西，如蚊子的眼睛，苍蝇的脑袋，臭虫的刺，跳蚤的脚，植物的种子，乃至于自己身上的皮屑之类，放在镜头下聚精会神地细看，那时我也夹杂在里面，有好几番都险些被他看出来了。

　　但是，不久，我终于被他发现了。

　　有一天，是雨天吧，我就在一小滴雨水里面游泳，谁想到这一滴雨水，就被他寻去放在显微镜下看了。

　　他看见了我在水中活动的影子，就惊奇起来，以为我是从天而降的小动物，他看了又看，疯狂似的。

又有一次，他异想天开，把自己的齿垢刮下一点点来细看，这一看非同小可，我的原形都现于他的眼前了。原来我时时都伏在那齿缝里面，想分吃一点儿"入口货"，这一次是我的大不幸，竟被他捉住了，使我族几千万年以来的秘密，一朝泄露于人间。

我在显微镜底下，东跳西奔，没处藏身，他眼也看红了，我身也疲乏了，一层大大厚厚的水晶上，映出他那灼灼如火如电的目光，着实可怕。

后来他还将我画影图形，写了一封长长的信，报告给伦敦"英国皇家学会"，不久消息就传遍了全欧洲，所以至今欧洲的人，还有以为我是荷兰籍者。这是错以为发现我的地点就是我的发祥地。

老实说，我就是这边住住，那边逛逛；飘飘然而来，渺渺然而去，到处是家，行踪无定，因此籍贯实在有些决定不了。

然而我也不以此为憾。鲁迅的阿Q，那种大模大样的乡下人籍贯尚且有些渺茫，何况我这小小的生物，素来不大为人们所注视，又哪里有记载可寻，历史可据呢！

不过，我既是造物主的作品之一，生物中的小玲珑，自然也有个根源，不是无中生有，半空中跳出来的，那么，我的籍贯，也许可从生物的起源这问题上，寻出端绪来吧。但这问题并不是一时所能解决的。

最近，科学家用电子显微镜和科学装备，发现了原始生物化石。在非洲南部距今31亿年前太古代地层中，人们找到长约0.5微米杆状细菌遗迹，据说这是最古老的细菌化石。那么，我们菌儿祖先确是生物界原始宗亲之一了。这样，我的原籍就有证据可查了。

细菌的发现者——安东尼·列文虎克

　　书中介绍的那位"看门老头儿"，实际上指的是荷兰科学家安东尼·列文虎克。列文虎克曾担任过荷兰代尔夫特（又译德尔夫）市的政府看门人，常在工作之余磨制镜片。他终于在1674年成功制作出世界上第一台光学显微镜。列文虎克将雨水、井水、牙垢等放在显微镜下观察，首次发现了细菌等微生物，并初步估算了这些生物的大小。之后，他将以上发现报告给英国皇家学会，在当时引起了很大轰动。

我的家庭生活

我正在水中浮沉，空中飘零，

听着欢腾腾一片生命的呼声，

欢腾腾赞美自然的歌声；

忽然飞起了一阵尘埃，

携着枪箭的人类陡然而来，

生物都如惊弓之鸟四散了。

逃得稍慢的都一一遭难了。

有的做了刀下之鬼；有的受了重伤；

有的做了终身的奴隶；有的饱了饥肠。

大地上满是呻吟挣扎的喊声，

一阵阵叫我不忍卒听尖锐的哀鸣。

我看到不平事落荒而走。

我因为短小精悍，容易逃过人眼，就悄悄地度过了好几万载，虽然在17世纪的临了，被发觉过一次，幸而当时欧洲的学者都当我是科学的小玩意儿，只在显微镜上瞪瞪眼，不认真追究我的性状，也就没有什么过不去的事了。

又挨过了两个世纪的辰光，法国出了一位怪学究，毫不客气地疑惑我是疾病的元凶，要彻底清查我的罪账。

无奈呀，我终于被囚了！

被囚入那无情的玻璃小塔了!

我看他那满面又粗又长的胡子，真是又惊又恨，自忖，这是我的末日到了。

也许因为我的种子繁多，不易杀尽，也许因为杀尽了我，断了线索，扫不清我的余党；于是他就暂养着我这可怜的薄命，在实验室的玻璃小塔里。

在玻璃小塔里，气候是和暖的，食物是源源供给，有如许的便利，一向流浪惯的我，也顿时觉着安定了。从初进塔门到如今，我足足混了六十余年的光阴，因此这一段的生活，从好处着想，就说是我的家庭生活吧。

家庭生活是和流浪生活对立而言的。

然而，这玻璃小塔于我，仿佛也似笼之于鸟，瓶之于花，是牢狱的家庭，家庭的牢狱，有时竟是坟墓了，真是上了科学先生的当。

虽说上当，毕竟还有一线光明在前面，也许人类和我的误会，就由这里进而谅解了。

把牢狱当作家庭，

把怨恨当成爱怜，

把误会化为同情，

对付人类只有这办法。

这玻璃小塔亮晶晶的，透明的，一尘不染，强酸不化，烈火不攻，水泄不通，由薄薄的玻璃制成，只有塔顶那圆圆的天窗，可以通气，又被塞满了棉花。

说也奇怪，这塔口的棉花塞，虽有无数细孔，气体可以来往自如，却像《封神榜》里的天罗地网，《三国演义》里的八卦阵，任凭我有何等通天的本领，一冲进里面，就被绊倒了，迷了路，逃不出去，所以看守我的人，是很放心的。

过惯了户外生活的我，对于实验室中的气温，本来觉着很舒适。但有时刚从人畜的身内游历一番，回来就嫌太冷了。

于是实验室里的人，又特别为我盖了一间暖房，那房中的温度和人的体温一样，门口装有一只按时计温的电表，表针一离了37℃的常轨，看守的人，就来拨拨动动，调理调理，总怕我受冷。

记得有一回，胡子科学先生的一个徒弟，带我下乡去考察，还要将这玻璃小塔密密地包了，存入内衣的小口袋，用他的体温，暖我的身，总怕我受冷。

科学先生给我预备的食粮，色样众多。大概他们试探我爱吃什么，就配了什么汤，什么膏，如牛心汤、羊脑汤、糖膏、血膏之类。还有一种海草，叫作"琼脂"，是常用作底子的，那我是吃不动，摆着做样子，好看一些罢了。

他们又怕不合我的胃口，加了盐又加了酸，煮了又滤，滤了又煮，消毒了又消毒，有时还掺入或红或蓝的色料，真是处处周到。

我是著名的吃血的小霸王，但我嫌那生血的气焰太旺，死血的质地太硬，我最爱那半生半熟的血。于是实验室里的大司务，又将那鲜红的血膏，放在不太热的水里烫，烫成了美丽的巧克力色。这是我最精美的食品。

然而，不料，有一回，他们竟送来了一种又苦又辛的药汤给我吃了。这据说是为了要检查我身体的化学结构而预备的。那药汤是由各种单纯的，无机和有机的化合物，含有细胞所必需喝的十大元素配合而成。

那十大元素是一切生物细胞的共有物。

碳为主；

氢、氧、氮副之；

钾、钙、镁、铁又其次；

磷和硫居后。

我的无数种子里面，各有癖好，有的爱吃有机之碳，如蛋白质、淀粉之类；有的爱吃无机之碳，如二氧化碳、碳酸盐之类；有的爱吃阿莫尼亚①之氮；有的爱吃亚硝酸盐之氮；有的爱吃硫；有的爱吃铁。于是科学先生各依所好，酌量增加或减少各元素的成分，因此那药汤，也就不太难吃了。

我的呼吸也有些特别。在平时我固然尽量地吸收空气中的氧，有时却嫌它的刺激性太大，氧化力太强了，常常躲在低气压的角落里，暂避它的锋芒。所以黑暗潮湿的地方我最能繁殖，一件东西将要腐烂，都从底下烂起。又有时我竟完全拒绝氧的输入了，原因是我自己的细胞会从食料中抽取氧的成分，而且来得简便，在外面氧的压力下，反而不能活，生物中不需空气而能自力生存的，恐怕只有我这一种吧。

不幸，这又给饲养我的人，添上一件麻烦了。

我的食量无限大，一见了可吃的东西，就吃个不停，吃完了才罢休。一头大象，或大鲸的尸身，若任我吃，不怕花去五年十载的工夫，也要吃得精光。大地上一切动植物的尸体，都被我这"清道夫"给收拾得干干净净了。

何况这小小玻璃之塔里的食粮，是极有限的。于是亲爱的科学先生又忙了，用白金丝挑了我，搬来搬去，费去了不少亮晶晶的玻璃小塔，不少的棉花，不少的汤和膏，三日一换，五日一移，只怕我绝食。

最后，他们想了一条妙计，请我到冰箱里去住了。受冰点的寒气的包围，我的细胞缩成了一小丸，没有消耗，也无须饮食，可经数月的饿而不死。这秘密，几时被他们探出了？

在冰箱里，像是我的冬眠。但这不按四时季节的冬眠，随着他们看守者的高兴，又不是出于我的自愿，他们省了财力，累我受了冻饿，这有些是科学的资本主义者的手段了。

我对于气候寒冷的感觉，和我的年纪也有关系，年纪愈轻愈怕冷，愈

---

① 即氨，由氮、氢两种元素组成，室温下呈气体状态，无色，具有强烈刺激性气味，极易溶于水。

老愈不怕，这和人类的感觉恰恰相反。

从前胡子科学先生和他的大徒弟们，都以为我有不老的精神，永生的力量：说我每20分钟，就变作2个，8小时之后，就变成16000000个，24小时之后，竟有500吨的重量了，那我岂不是不久就要占满全地球了吗？

现在胡子先生已不在人世，他的徒子徒孙对于我的观感，有些不同了。

他们说我的生活也可以分为少、壮、老三期，这是根据营养的盛衰、生殖的迟速、身材的大小、结构的繁简而定的。

最近，有人提出我的婚姻问题了。我这小小的家庭里面，也有夫妻之别，男女之分吧？这问题，难倒了科学先生。有的说，我在无性的分裂生殖以外，还有有性的交合生殖。他们眼都看花了，意见还都不一致。我也不便直说了。

科学先生的苦心如此，我在他们的娇养之下，无忧无虑，不愁衣食，也"乐不思蜀"了。

但是，他们一翻了脸，要提我去审问，这家庭就宣告破产，而变成牢狱了，唉！

知识小链接

细菌学之父——路易斯·巴斯德

"法国怪学究""胡子科学家"实际上指的都是法国著名科学家路易斯·巴斯德。巴斯德是近代微生物学的奠基人，第一个认识到发酵作用、疾病传播都与细菌直接相关，一些致病菌在经过特殊培养后可以成为疫苗。巴斯德的理论在酿酒、蚕丝等工业领域应用相当广泛，他研制的炭疽、狂犬疫苗拯救过无数生命，由他首创的低温杀菌技术"巴氏消毒法"至今仍在食品保存方面发挥着不可代替的作用。

无情的火

我从踏进了玻璃小塔之后，初以为可以安然度日了。

想不到，从白昼到黑夜又到了白昼，刚刚经过了24小时的拘留，我正吃得饱饱的，懒洋洋地躺在牛肉汁里，由它浸润着，忽然塔身震荡起来，一阵热风冲进塔中，天窗的棉花塞不见了，从屋顶吊下来一条又粗又长、明晃晃的、热烘烘的白金丝，丝端有一圈环子，救生环似的，把我钩到塔外去了。

我真慌了。我看见那位好生面熟的科学先生，坐在那长长的黑漆的试验桌旁，五六个穿白衫的青年都围着看，一双双眼睛都盯着我。

他放下了玻璃小塔，提起了一片明净的玻璃片，片上已滴了一滴清水，就将右手握着那白金丝上的我，向这一滴水里一送，轻轻地大涂大搅，搅得我的身子乱转。

这一滴水就似是我的大游泳池，一刹那，那池水已自干了。于是我大难临头了。

我看见那酒精灯上的青光，心里已自兀突兀突地跳了。果然那狠心的科学先生一下子，就把我往火焰上穿过了三次，使那冰凉的玻璃片，立时变成热烫热烫的火床了。我身上的油衣都脱化了，烧得我的细胞焦烂，死去活来，终于是晕倒不省"菌"事了。

据说，后来那位先生还洗我以酒，浸我以酸，毒我以碘汁，灌我以色汤，使我披上一层黑紫衣，又披上一件大红衣，都是为着便利于检查我的身体，认识我的形态起见，而发明了这些曲曲折折的手续。当时我是热昏了，全然不知不觉的，任他们摆弄就是了，又有什么法子想呢？

　　此后，每隔一天，乃至一星期，我就要被提出来拷问，来受火的苦刑。

　　火，无情的火，我一生痛苦的经验，多半都是由于和它碰头。

　　这又引起我早年的回忆了。

　　我本是逐着生冷的食物而流浪的。这在谈我的籍贯那一章已说得明明白白了。

　　在太古蛮荒的时代，人类都是茹毛饮血，茹的是生毛，饮的是冷血。那时口关的检查不太严，食道可以随意放行，我也自由自在无阻无碍地，跟着那些生生冷冷的鹿肉呀羊心呀，到人类的肚肠去了。

　　自从传说中，不知前第几任的中国帝王，那淘气的燧人氏，那钻木取火的燧人氏，教老百姓吃熟食以来，我的生计问题曾经发生过一次极大的恐慌。

后来还亏这些老百姓不大认真，炒肉片吧，炒得半生半熟，也满不在乎地吃了。不然就是随随便便地连碗底都没有洗干净就去盛菜，或是留了好几天的菜，味儿都变了，还舍不得不吃，这就给了我一个"走私""偷运"的好机会。他们都看不出我仍在碗里活动。

热气腾腾的时候，我固然不敢走近；凉风一拂，我就来了。

虽然，我最得力的助手，还是蝇大爷和蝇大娘。

我从肚肠里出来，就遇着蝇大爷。我紧紧地抱着他的腰，牢牢地握着他的脚。他嗡的一声飞到大菜间里去了。他扑地一下停落在一碗菜的上面，把身子一摇，把我抛下去了。我忍受着菜的热气，欢喜那菜的香味，又有的吃了。

我吃得很惶惑，抬起头来，听见一位牧师在自言自语：

"上帝呀，万有万能的主啊！你创造了亚当和夏娃，又创造了无数鸟兽鱼虫、花草树木来陪伴他们，服侍他们。你的工作真是繁忙啊！你果真于六天之内就造成了这么多的生物吗？你真来得及吗？你第七天以后还有新的作品吗？……

"近来有些学者对于你怀疑了。怀疑有好些小动物都未必是由你的大手挥成。它们都可以自己从烂东西里，自然而然地产生出来。就如苍蝇、萤火虫、黄蜂、甲虫之流，乃至于小老鼠，都是如此产生。尤其是苍蝇，苍蝇的公子哥儿的确是自然而然地从茅厕坑里跳出来的啊！……"

我听了暗暗地好笑。

这是17世纪以前的事。那时的人，都还没有看见过苍蝇大娘的蛋，看见了也不知道是什么。

不久之后，在1688年的夏天，有一回，我跟着苍蝇大娘出游，游到了意大利一位生物学先生的书房里。她停落在一张铁纱网的面上，跳来跳去，四处探望。我闻到一阵阵的肉香，不见一块块的肉影。她更着急了，用那一只小脚乱踢，把我踢落到那铁纱网的下边去了。原来肉在这里！

　　这是这位生物学先生的巧计。防得了苍蝇，却防不了我。小苍蝇虽不见飞进去，而那一锅的肉却依旧酸了烂了。

　　从此苍蝇的秘密被人类发觉了。为着生计问题，于是我更无孔不钻，无缝不入了。

　　我也不便屡次高攀苍蝇的贵体，这年头，专靠苍蝇大爷和大娘谋食，是靠不住的。于是我也常常在空气中游荡，独自冒险远行以觅食。

　　有一回，是1745年的秋天吧，我到了爱尔兰，飞进了一位天主教神父的家里。他正在热烈的火焰上烧着一大瓶羊肉汤，我闻着羊肉气，心怦怦地动。又怕那热气太高，就不敢下手。他煮好了，放在桌上，我刚要凑近，陡然一下，那瓶口又被他紧紧密密地塞上了木塞子。我四周一看，还有个弯弯的大缝隙，就索性挤进去了。

　　初到肉汤的那一刻，我还嫌太热，但一会儿就温和而凉爽了。一会儿，忽然又热起来了，那肉汤不停地乱滚，滚了一个时辰，这才歇息了。我一上一下地翻腾，热得要死，往外一看，吓得我没命，原来那神父又在火焰上烧这瓶子了。烧了约莫快到一个钟头的光景。

　　我幸而没有被烧死，逃过了这火关，就痛快地大吃了一顿，把这一瓶清清的羊肉汤搅浑得不成样子了，仿佛是乱云飞絮似的上下浮沉。那大嘴的神父，看了又看，又挑了一滴放在显微镜下再看，看完之后，就大吹大擂起来了。他说：

　　"我已经烧尽了这瓶子里的生命，怎么又会变出这许多来了？这显然是微生物会从羊肉汤里自然而然地产生出来呀！"

　　我就我听了又好气又好笑。

　　我就这样糊里糊涂地又过了24年。

到了1769年的冬天，从意大利又发出反对这种"自然发生说"的呼声，这是一位秃头教士的声音。他说：

"那爱尔兰神父的试验不精准，塞没有塞好，烧没有烧透，那木塞子是不中用的，那1个小时是不够用的。要塞，不如把瓶口密不透风地封住了。要烧，就非烧到1小时以上不可。要这样才……"

我听了这话，吃惊不小，叫苦连天。

一则有绝食的恐慌；二则有灭身的惨祸。

这是关于我的起源的大论战。教士与神父怒目；学者和教授切齿。他们起初都不能决定我的出身何处，起家哪里，从不知道或腐或臭的肉啊，菜啊，都是我吃饱了的成绩。他们却瞎说瞎猜，造出许多科学的谣言来，什么"生长力"哪，什么"氧化作用"哪，一大堆的论文，其实那黑暗的主动者就是我，都是我，只有我！

仿佛又像诸葛亮和周瑜定计破曹操似的，这些科学的军师们，一个个的手掌心，都不约而同地写着"火"字。他们都用火来攻我，用火来打破这微生物的谜。

火，无情的火，真害我菌儿死得好苦啊！

这乱子一直闹了一个世纪，一直闹到了1864年的春天，这才被那位著名的胡子科学先生的试验，完完全全地解决了。

说起来也话长，这位胡子先生真有了不起的本事，真是细菌学军营里的姜子牙。我这里也不便细谈他的故事了。

单说有一天吧。这一天我飘到了他的实验室里了。他的实验室我是常光顾的。这一次却没有被请，而是我独自闲散地飞游而来了。

我看见满桌上排着二三十瓶透明的黄汤，有肉香，有甜味。那每一只的瓶颈，都像鹤儿的颈子一般，细细长长地弯了那么一大弯，又昂起头来。我禁不住地就从一只瓶口扬长地飞进去了。可是，到了瓶颈的半路，碰了玻璃之壁，又滑又腻的壁，费尽气力也爬不上去，真是苦了我，罢了罢了！

那胡子科学先生一天要跑来看几十次，看那瓶子里的黄汤仍是清清明明的，阳光把窗影射在上面，显得十二分可爱，他脸上现出一阵一阵的微笑。

这一着，他可把"自然发生说"的饭碗，完全打翻了。为的是我不得到里面去偷吃，那肉汤，无论什么汤，就不会坏，永远都不会坏了。

于是，他疯狂似的，携着几十瓶的肉汤，到处寻我，到巴黎的大街上，到乡村的田地上，到天文台屋顶的空房里，到黑暗的地窖里，到了瑞士，爬上阿尔卑斯山的最高峰去寻我。他发现空气愈稀薄，灰尘愈少，我也愈稀，愈难寻。

寻我也罢，我不怪他。只恨他又拿我去放在瓶子里烧。最恨他烧我又一定要烧到110℃以上，120℃以上，乃至170℃；用高压力来烧我，用干热来烧我，烧到了1个钟头还不肯止呢！

火，无情的火，是我最惨痛的回忆啊！

现在胡子先生虽已不见了，而我却被囚在这玻璃小塔里，历万劫而难逃，那塔顶的棉花网，就是他所想出的倒霉的法子。至于火的势力，哎哟！真是大大地蔓延起来了。

火，无情的火，实验室的火，医院的火，检疫处的火，到处都起了火了。果真能灭亡了我吗？那至多也不过像秦始皇焚书似的。

我的儿孙布满陆地、大海与天空。

毁灭了大地，毁灭了万物，才能毁灭我的菌群！

自然发生说

自然发生说认为，生物是从非生物中自然产生出来的，例如鱼儿是由淤泥自然化生而来，蛆虫是由腐肉自然化生而来等。第一个对自然发生说提出异议的是意大利宫廷医生、生物学家弗朗切斯科·雷迪（书中那位"意大利生物学先生"）。在1688年，雷迪提出，蛆不能由腐肉自然产生，而是蝇类产卵后孵化而来的。

1864年，法国生物学家、化学家路易斯·巴斯德设计了巧妙的"鹅颈瓶实验"。鹅颈瓶是一种特制烧瓶，颈部又长又弯曲，细菌因为自身运动能力有限，随空气进入瓶口后只能沉降在鹅颈处，无法污染烧瓶内的液体。这样一来，尽管鹅颈烧瓶没有封口，依然与空气相通，肉汤却始终都没有变质。通过这个实验，巴斯德最终证明：在没有生物预先存在的情况下，非生物中不可能自然产生出生物，自然发生说不能成立。

水国纪游

实验室的火要烧焦了我，快了。

渴望着水来救济，期待着水来浸洗，我真做了庄周所谓"涸辙之鲋"了。

无情的火处处致我灼伤，有情的水杯杯使我留恋。世间唯水最多情！这话中国的灾民听了，会有些不同意吧！

"你看那滔天大水，使我们的田舍荡尽，水哪里还有情？！"

这是因为从大禹以来，中国就没有个能治水的人，顺着水性去治，把江河泛滥的问题，一劳永逸地解决了。

中国的古人曾经写成了一部《水经》①，可惜我没有读过。但我料他一定把我这一门，水族里最繁盛的生物，遗漏了。我是深明水性的生物。

水，我似听见你不平的流声，我在昏睡中惊醒！

五月的东风，卷来了一层密密的黑云，遮满了太平洋的天空。

我听见黄河的吼声，扬子江的怒声，珠江的喊声，齐奔大海，击破那翻天的白浪。

这万千的水声，洪大，悲壮，激昂，打动了我微弱的胞心，鼓起了我疲惫的鞭毛。

水，我对于你，有遥久深远的感情，我原是水国的居民。

水，你是光荣的血露，神圣的流体！

耶稣基督据说也曾受过你的洗礼。

---

① 书名，汉桑钦编撰。但证以书中地理，编撰者实为三国时人。

地面上的万物都要被你所冲洗。

水，我爱你的浊，也爱你的清。

清水里，氧气充足，我虽饿肚皮，却能延长寿命。

浊水里，有那丰富的有机物，供我尽情地受用。

气候暖，腐物多，我就很快地繁殖。

气候冷，腐物少，也能安然地度日。

气候热，腐物不足，我吃得太快，那生命就很短促了。

水，什么水？是雨水。把我从飞雾浮尘，带到了山洪、溪涧、河流、沟壑。浮尘愈多，大雨一过，下界的水愈遍满了我的行踪。

我记起了阿比西尼亚①雨季的滂沱。法西斯头子墨索里尼纵使并吞了阿比西尼亚，也消灭不了那滂沱，更止不住我从土壤冲进了江河。

雨季连绵下去，雨水已经澄清了天空，扫净了大地，低洼处的我，虽不会再加多，有时反而被那后降的纯洁的雨水逐散了，然而大江小河，这时已浩浩荡荡满载着我，这将给饮食不慎的人群以相当的不安啊！

水，什么水？是雪水。我曾听到胡子科学先生得意扬扬地说过，山巅的积雪里寻不见我。我当然不到那寂寞荒凉的高峰去过活，但将化未化的美雪，仍然是我冬眠的好地方。

雪花飞舞的时候，碰见了不少的灰尘，我又早已伏在灰尘身上了。瑞典的京城，地处寒带且多山，日常饮用的水，都取自高出海面160米的一个大湖。平时湖水还干净，阳春一发，雪块融化，拖泥带土而下，卫生当局派员来验，说一声"不好了"！我想，这又是因为我的活动吧！

水，什么水？是浅水，是山泽，是池沼，及一切低地的蓄水。最深不到5尺②，那么静寂，不大流动。我偶尔随着垃圾堆进去，但那儿我是不大高兴久住的。那儿是蚊大爷的娘家，却未必是我的安乐窝。

---

① 阿比西尼亚即现在北非的埃塞俄比亚。

② 1米=3尺。

尤其是在大夏天，太阳的烈焰照耀得我全身发昏。我最怕的是那太阳中的"紫外线"，残酷的杀菌者。深不到5尺的死水，真是使我叫苦，没处躲身了。5尺以外的深水才可以暂避它的光芒。最好上面还挡着一层污物，挡住那太阳！

　　我又不喜欢那带点儿酸味的山泽的水，从瀑布冲来了山林间的腐木烂叶，浸成了木酸、叶酸，太含有刺激性了。

　　如果这些浅水里，含有水鸟鱼鳖的腥气，人粪兽污的臭味，那又是我所欢迎的了。

　　水，什么水？是江河的水。江河的水满载着我的粮船，也满载着我的家眷。印度的恒河就是一条著名的"霍乱"河；法国的罗尼河也曾是一条著名的"伤寒"河；德国的易北河又是一条历史的"霍乱"河；美国的伊利诺河又是一条过去的"伤寒"河。"霍乱"和"伤寒",还有"痢疾",是世界驰名的水疫,是由我的部下和人类暗斗而发生的。这期间,自有一段因果关系,这里且按下不表。

中国的江河,自然也不退班。大的不说,单说上海那一条乌七八糟的苏州河,年年春天、夏天的时候,我天天率着眷属在那河水里洗澡,你们自己没有觉察罢了。

有人说:"江河的水能自清。"这是诅咒我的话。不是骂我早点儿饿死,就是讥笑我要在河里自杀。我不自尽江河的水怎么会清呢?

然而,在那样肥美的河肠江心里游来游去,好不快活,我又怎肯无端自杀,更何至于白白地饿死。

然而,毕竟河水是自清了。美国芝加哥大学有一位白发苍苍的老教授,曾在那高高的讲台上说过，当他在三十许壮年的时候，初从巴黎游学回来，对于我极感兴趣，曾沿着伊利诺河的河边，检查我菌儿的行动。他在上游看见我是那样的神气，是那样的热闹，几乎每一滴河水里都围着一大群。到了下游，就渐渐地稀少了。到了欧地奥的桥边，我更没有精神了。他当时心下细思量，这真奇怪，这河里的微生物是怎样减少的呢？难道河水自己能杀菌吗？

河水于我，本有恩无仇。无奈河水里常常伏着两种坏东西，在威胁我的生存。它们也是微生物。我看它们是微生物界的捣乱分子，专门和我作对。

一种比我大些的，它们是动物界里的小弟弟。科学先生叫它们"原虫"，恭维它们作虫的"原始宗亲"。我看它们倒是污水烂泥里的流氓强盗。最讨厌的是那鞭毛体的原虫。它的鞭毛，比我的又粗又大，也活动得厉害，只要那么一卷，便把我一口吞吃而消化了。

它的家庭建筑在我的坟墓上，我恨不恨！

一种比我还要小几千倍的，很自由地钻进我身子里，去胀破我那已经很紧的细胞，因此科学先生就唤它作"噬菌体"。你看它的名字就已明白是和我作对。它真是小鬼中的小鬼！

水，什么水？是湖水。静静的，平平的，明净如镜，树影蹲在那儿，白天为太阳哥拂尘，晚上给月姐儿洗面，没有船儿去搅它，没有风儿去动它，绝不起波纹。在这当儿，我也知道湖上没有什么好买卖，也就悄悄地沉到湖底归隐去了。

这时候，科学先生在湖面寻不着我，在湖心也寻不出我，于是他又夸奖那停着不动的湖水有自清的能力呀。

可是，游人一至，游船一开，在酣歌醉舞中，瓜皮与果壳乱抛，在载言载笑间，鼻涕和痰花四溅，那湖水的情形又不同了。

水，什么水？是泉水，是自流井的水，是地心喷出来的水。那水才是清。那儿我是不易走得近的。那儿有无数的石子沙砾绊住我的鞭毛，牵着我的荚膜不放行。这一条是水国里最难通行的险路，有时我还冒着险前冲，但都半途落荒了。

水，什么水？是海水。这是又咸又苦，著名的盐水。咸鱼、咸肉、咸蛋、咸菜，凡是咸过了七分的东西，我就有些不肯吃，最适合我胃口的咸度，莫如血、泪、汗、尿，那些人身的水流，如今这海水是纯盐的苦水，我又怎愿意喝？

不过，海底还是我的第一故乡，那儿有我的亲戚故旧，我曾受着海水几千万年的浸润。现在我虽飘游四方，偶尔回到老家，对于故乡的风味，虽然咸了些，也有些流连不忍即去吧。

有时我在水里会发光。所以在海上行船的人，在黑夜里，不时望见那一望无阻的海面，发出一闪一闪的磷光，那里面也夹着一星一星我的微光。

我自从别了雨水以来，一路上弯弯曲曲，看见了不少的风光人物：不忍看那残花落叶在水中荡漾，又好笑那一群喜鸭在鼓掌大唱，不忍听那灾民的叫爹叫娘，又叹息那诗人的投江！

五月的东风，

吹来一片乌云，

遮满太平洋的天空。

我到了大海，

观着江口河口的汹涌澎湃。

涌起了中国的怒潮！！

冲倒了对岸的狂流！

击破了那翻天的白浪！

洗清了人类的大恨！

……

看到这里，我想，那些大人们争权夺利的大厮杀，和我这微生物小子有什么相干呢？

生计问题

游完了水国，我躺在海洋上，听那波涛的荡漾。仰看白云在飘游，我羡慕着它们的自由。

在海天一色的包围中，海风吹起浪花溅，浪花啊！他无力送我上云霄。那海水又太咸了，不中吃。我真觉着有些苦闷了。

我只得期待着鱼儿，它会鼓着鳃儿来吞我。鱼儿要被渔夫捕，我伏在鱼腹里，就有再到岸上的机缘了。到了岸上，我的生活就不致发生恐慌了。

我打算在厨子先生洗鱼肚的时候，溜到垃圾桶里去。在垃圾桶里，我跟生物社会的接触一多，谋食更不难了。

如果不幸溜不过去，那就有混在生鱼粥里，到广东人口中的希望了。总之，我先在那半生半熟的鱼身里偷活，再到那半臭半腥的人肚里寄生罢了。然而，我终于又厌倦了胃肠里的沉闷的生活，痛快地随着大便出来了。

经过曲曲折折的途径，不久，我和我的家人亲友又都回到土壤的老家团聚。

这里我得补叙一下，在未到岸上之前，那海鱼肚子里的环境，于我有时是不利的，它的消化力太强了。

于是，我又曾趁着潮水的高涨，回到河肠江心，去央求淡水的鱼，顺便又疏通了螃蟹虾蛤蚌螺之类人类所爱吃的水中生物，请它们帮忙提拔。它们也都答应了。当中，蚝似乎和我最有交情。它在污水里每小时一收一放的水量，竟有两升之多。我也就混在那污水里进去，它的蚝壳就成为我临时的住宅了。

据说，岸上有很多人，因吃了没有煮熟的蚝，都得了伤寒病啦。那科学先生就又怪我了，说什么蚝之类的生物还是我暗杀人类的秘密机关呢。这我以后当然要申辩的，这里不便多啰唆了。

且说，我既从水国回到了土乡，天天又望见那时放异彩的浮云，好不逍遥自在，我渴望着和它交游。但那时地上仍是很湿，连我身上的鞭毛，都被泥土所黏，鼓舞不起来，更何能高飞远扬呢？虽有时攀着苍蝇的毛腿出游，那它又是低着头飞，至多也飞不上半里路，就停下来一脚把我踢落在地上了。虽然在地上我是不愁衣食的。

然而我对于天空的幻想，又使我希望秋之来临了。那时天高气爽，尤其是在中国故都的北平①，和美国中部第一大城密执安②湖畔的芝加哥，这两个著名的"灰尘的都市"，一到了秋冬，就刮大风，将沙尘卷入天空，那时我就骑在沙尘身上高翔了。风力益健，我竟直飘上青天4000米以

---

① 北京，1936 年时称北平。
② 即密歇根，旧译"密执安"。

上，那固然是罕有的事，我也真可以傲飞鸟而笑白云了。

记得19世纪初期，英国的年轻诗人雪莱，曾唱着"西风之歌"，他愿意做一朵浪花，一片落叶，一朵白云，躺在西风里任它飘荡去，把他一切的思想、情感、希望都寄托着西风去散播了。我想，我这一次得上青天驾白云，也该感谢风爷的神力吧。

我正在这样想，忽然记起了一件伤心惨目的往事。那就是世界各地的旱灾。

旱灾一来，全生物界都起了恐慌。那时大地涨红了脸，甚至于破裂，生物焦的焦死，饿的饿死，看不见点绿滴青，看见的尽是枯干瘦木，那原因半由于暴日的肆虐，半由于风爷的发狂。

那风爷也太发狂了，云和雨都被它吹散了，在大旱期间，连西风也不怀好意了。

前几年，我也曾亲见过中国西北那延绵三四年的旱灾，那时狂风忽然吹起漫天的尘沙，天地发昏，在烈日和饥渴的煎迫之下，成千上万的人死了。

有的人还以为地面上堆着这许多的尸体腐物，是我口福的大造化，我可以乘风四游，到处得食了。哪里知道当这大旱临头，我也万分焦急，我虽有坚实的芽孢，可以在空气中苟延性命，却也经不起热与干长期压迫。地上的干粮虽堆积如山，但没有一些水汽的浸润，我是吃不动的呀。君不见大沙漠中，哪有我的影踪。

我爱的是湿风，我怕的是热风。

我的小身子又是那样轻飘，我那一粒单细胞还不及一千兆分之一克重。我既上升，就不易下降，终日飘在天空中。只有雨雪霜露方能使我再落尘间。罢了，罢了，在大旱天我是受着风爷的欺骗了。

我凄凉地度过了冰雪的冬天，到了春风和畅的季节，下界雨量充足，草木茂盛，虫鸟交鸣，生物都欣欣然有喜色。那时，我早已暗恨天空的贫乏，白云的无聊，思念地上的丰饶。于是那善变的风爷又改换了方向，来招我下凡了。

我别了白云，下了高山，随着风爷到农村。农村遍地花红叶绿，我逢花采花，逢叶摘叶，凡是吃得动的植物，无所不吃。这也是因为植物间的气候，植物的体温，和当时空气的温度相去不远，我又是新从天空来的，当然先以它们的身体为合宜的寄食之所了。

我尤喜那似胶似漆，富有黏液的果皮瓜皮，那潮湿而有皱痕的菜叶菜管，它们都是我的天然宿舍旅馆。我的家人亲朋成亿成兆地在这儿过活。

据美国农业部化学局最近的调查，他们代我估计一下，在那含有铁质最高的蒲菜身上，每一克重的分量里面，就有我25万"菌儿"在迅速地生殖着。这不是一个很惊人的数目吗！

我随着风爷而飘游，走遍了五大洲，世界的农村都到过了。小的植物不用说，那我是都光顾到了的。就是抵抗力强盛的大松大柏，它们的风味，我也一一都领略过了。算得出的，在有花植物之部，我曾吃过了66科，150目。在隐花植物之部，就记不清了。

不过，植物之遭我暗算，人类是从来不知道的，以为是它们自己内部的溃烂，或专去骂昆虫那些小妖物的恶作剧。

谁知道，有一回，我在法国南部的田园里，大啖葡萄的时候，又被那位多疑的胡子科学先生发觉了。从此他的徒弟徒侄们，就加紧地研究我和植物种种不正常的关系，宣布了我的罪状。于是农民们就痛恨我，说我太不讲情理了，破坏他们的农作物，用药用火，千方百计来歼灭我。这真是冤枉。我也是为着生计问题所迫而来呀！吃的都是大自然所分赠的食物呀！它们又没有注定给人类，这生物的特殊阶级，单独享用呀！

我在生物界中算是最不安定的分子了。四方飘游，到处奔流，无非为着自由而努力，为着生活而奋斗。浮大海，吃不惯海水的咸味；居人肚，闷不过小肠的束缚；返土壤，受不住地方的限制；飘上天空，又嫌那天空太空虚了。历尽水旱的辛苦，结识了鱼儿和风爷，最后到了农村，那儿食粮充足，行动比较自由，我自认为是乐土了。难料那自私自利的人类，忽来从中作梗，从此我将永远不得安宁了，唉！

呼吸道的探险

我在乡村的田园上，仍然过着颠沛流离的生活，处处靠着灰尘的提携。

那灰尘真像是我的航空母舰，上面载着不少的游伴。

这些游伴的分子也太复杂了。矿、植、动三大界都有，连我菌物也在内，一共是四色了。

矿物之界，有煤烟的炭灰，有火山的破片，有海浪的盐花，有陨星的碎粒，还有各式矿石的散沙，都随着大风而远扬。

植物之界，有花蕊、花球的纷飞；有棉絮、柳丝的飘舞；有种子、芽孢、苔藻、淀粉、麦片以及各式各样的植物细胞的乱奔狂突。

动物之界，有皮屑、毛发、鸟羽、蝉翼、虫卵、蛹壳以及动物身上一切破碎零星的组织的东颠西扑。

菌物之界，有一丝一丝的霉菌，有圆胖圆胖的酵母，在空中荡来荡去。最后就是我菌儿这一群了。

这是灰尘的大观。这之间以我族最为活跃。我在灰尘中，算是身子最轻，活动范围最广的了。

这些风尘仆仆中的杂色分子，又像是一群流浪儿，一群迷途的羔羊。

我紧牵着这一群流浪儿的手，在天空中奔逐，到处横冲直撞，不顾一切利害。

记得有一回，还是在洪荒时代吧，我正在黑夜的森林中飞游，忽然碰了一个响壁，原来是蝙蝠的鼻子。我在暗中摸索，堕进了它鼻孔的深渊，觉得那里很柔滑，很温暖。但不久，被它强有力的呼吸一喷，就翻了几个筋斗出来了。

后来，我冲进它的鼻孔里去的机会愈来愈多了。然而，它这一类动物，呼吸道的抵抗力颇强，颇不容易攻陷，它的"扁桃腺"①也发育得不大完全。

"扁桃腺"这东西是"淋巴组织"的结合，淋巴腺之一大种。在腭部有腭扁桃腺，在咽喉间有咽扁桃腺，在小脑上有小脑扁桃腺。如此之类的扁桃腺，自我闯入动物体内之后，都曾一一碰到了。

动物体内的"淋巴组织"是含有抵抗作用的。淋巴细胞也就是抗敌的细胞，是白血球②的一种。所以淋巴这草黄色的流液，实富有排除外物的力量呀，我往往为它所驱逐而逃亡。

那么，扁桃腺就是淋巴组织最高的建筑物，就是动物身内抗菌的大堡垒了。当我初从鼻孔或口腔进到舌上喉间的时候，真是望之而生畏。

后来走熟了这两条路，看出了扁桃腺的破绽与弱点。原来它的里外虽有很多抗敌的细胞把守，而它的四周空隙深凹之处可真不少，那里的空气甚不流通，来来往往的食货污物又好在此地集中，留下不少的渣滓，反而成为我藏身避难的好所在了。

我就在这儿养精蓄锐，到了有机可乘时，一战而占领了扁桃腺，作为攻身的根据地了。于是那动物就发生了扁桃腺炎。

这在人类就非常着急！他们认为扁桃腺在人身上有反动的阴谋，和盲肠是一流的下贱东西，无用而有害，非早点儿割弃它不可。

其实人身的扁桃腺及其他淋巴腺愈发达，尤其是呼吸道的淋巴腺愈发达，愈足以表现出人菌战争之激烈。

人若得胜，淋巴腺则是防菌的堡垒，我若得胜，这堡垒则变成为我的势力区了。

---

① 扁桃体，旧称扁桃腺。

② 即白细胞，血细胞的一种。

淋巴腺，在动物的进化过程中，还是比较新的东西。这是由于我的长期侵略，它们的积极抵抗，相持既久，它们体内就突然产生了这种防身的组织。

我生平对于冷血动物，素以冷眼看待，不似对于热血动物那般的热情，所以我在它们体内游历的时候，也没有见过什么淋巴腺、扁桃腺之类的组织，这是因为我很少侵略它们的内部器官，我不过常拿它们的躯壳，当作过渡时期的驻屯所罢了。有时还利用它们作为我投奔高等动物体内的天梯或桥梁哩。这之间，就以昆虫之类最肯帮我的忙，尤以苍蝇、蚊子、臭虫、跳蚤、身虱、八角虱之流，这些人类所深恶的东西，更喜欢和我密切地合作，这是后话。不过，我如想从鼻孔进攻人兽之身，那还须靠灰尘的牵引。

我曾经游遍了普天下动物的身体，只见到鸟类和哺乳类才有淋巴腺、扁桃腺之类的抗敌组织，其中哺乳类的淋巴腺最为发达。到了人，这淋巴腺的交通网更繁密了。人原是可以得很多病的动物。淋巴腺在进化途中实是传染病的一种纪念碑啊。

高空的飞鸟绝不会得肺痨病①，它们常吸新鲜的空气，它们的呼吸道里我是不大容易驻足的，因此这条道上的淋巴腺也没有它们消化道的肠膜下的淋巴腺那样多。

肺痨病虽有鸟、牛、人之分，而关系鸟的部分受害者也只限于鸡鸭之群，人类篱下的囚徒罢了。于是它们呼吸道里的淋巴腺，是比飞鸟的增加了。

至于蝙蝠这夜游的动物，好在檐下或树林间盘旋飞舞，我自从那一回碰到了它的鼻子之后，就渐渐地熟悉它的呼吸道上的情形。我见它当初也没有什么扁桃腺，后来为了对付我而新添了这件隆起的东西。

由此可见，我和动物的呼吸道发生了关系之后，扁桃腺及其他淋巴腺所处地位变得崇高而重要了。所以，我在这一章的自传里，特地先记述它

---

① 中医指肺结核。

们。它们的发生是由于我的刺激，我的行动又以它们为路碑，我和它们的关系是多么密切啊。

我冲进鸟兽和人的鼻孔的机会固然很多，虽然这也要看灰尘的多寡，鸟兽之群及人口的密度如何。

高阔的天空不如山林的草原，农村的广场不如都市的大街，公园不如戏院，贵人的公馆不如十几个人窝在黑暗一间的棚户。总之，人烟愈稠密，人群愈拥挤，我从空中到鼻子，从一个鼻子又到别的鼻子的机会也愈多了。

我在乡村的田园上飞游之时，生活过于空虚，颇为失意。于是，我就趁着乡下人挑担上城的时候，附着在他的身上，到这浮尘的都市观光来了。

在都市的热闹场所，我的生意极其兴隆。这儿不但有灰尘代我宣扬，还有痰花口沫的飞溅助我传播。

从此呼吸道上总少不了我的影子。这条入肺的孔道，我是走得烂熟了。它的门户又是永远开放的。

虽然，婴儿初离母胎的当儿，他的鼻孔和口腔以内，是绝对没有我的踪迹。但经过了数小时之后，我就从空气中一批一批地移民来此垦殖了。

我的移民政策是以呼吸道的形势与生理上的情形来决定的。要看那块地方，气候的寒暖如何，湿度如何，黏膜上有无隙缝深凹之处，氧气的供给是否太多，组织和分泌汁的反应是酸是碱抑或是中间性，细胞胞衣上的纤毛，它们的活动力是否太强烈了。须等到这些条件都适合于我的生活需要了，然后这曲折蜿蜒、海岸线似的呼吸道，才有我立身插足之地。

此外，还有临时发生的事件，也足以助长我的势力。如食货和外物的停积，是加厚了我的食粮；如黏膜受伤而破裂，是便利了我的进攻，更有那不幸的矿工，整天呼吸着矽灰，他的肺瓣是硬化了，变成了矽肺[①]，这矽肺是我最喜盘踞的地方。我家里那个最不怕干的孩子，人们叫它作"痨病菌"[②]的，便是常在这矽肺上生长繁殖，于是科学先生就说，矽肺乃是肺

----

① 硅肺的旧称。
② 即结核杆菌。

痨病的一种前因。这是矿工受了工作环境的压迫，没有得到卫生的保障，人必先糟蹋了自己的身体，而后我才有机可乘，这不能专怪我的无情吧。

在十分柔滑而又崎岖不平的呼吸道上，我的行进有时是如此顺利，而有时又甚艰险。因此，我这一群里，有的看呼吸道如"天府之国"，有久居之意；有的又把它当作牢狱似的，一进去就巴不得快快地出来；又有的则认为是临时的旅舍，可以来去无定。这样地，终主人的一生，他的呼吸道上，我的形影是从不会离开的。

这呼吸道又很像一条自由港，灰尘的船只可以随意抛锚。就我历次经验所知，这条曲曲折折的自由港又可分为里中外三大湾。

里湾以肺为界岸，出去就是支气管、气管、喉。中湾介于口腔与鼻洞之间，是呼吸道和食道的三岔路口，是入肺入胃必经的要隘，隆肿的扁桃腺就在这里出现，这一湾的地名就叫作"口咽"。"口咽"之上为"鼻咽"，那是外湾的起点了。"鼻咽"之前就是迂曲的鼻洞，分为两道直通于外。

迂曲的鼻洞，我是不大容易居留的，那里时有大风出入，鼻息如雷，有时鼻涕像瀑布一般滚滚而流，冲我出来了。所以在平时，鼻洞里的我大都是新从空气游来的，而且数目也较为不多。我本是风尘的游客，哪配久恋鼻乡呢？何况前面还有森严的鼻毛，挡住我的去路啊！

可是，鼻洞里的气候时时在转变着，寒暖无常，有时会使鼻禁松弛了，我也就不妨冒险一冲，到了鼻咽里来了。

在鼻咽里，我较易于活动，而能迅速地繁殖着。但，我的繁荣，究竟是受了当地食粮的限制，于是我不得不学成侵略者的手段了。这我也是为着生计所迫，而不得不和鼻咽以内的细胞组织斗争啊！

所以，到了鼻咽以后，我的性格就不似从前在空中时那样浪漫与无聊，真变得泼辣勇猛多了。

由鼻咽到口咽，一路上准备着厮杀，准备着进攻。我望见那红光满目的扁桃腺，又瞥见那一开一合的大口，送进一闪一闪的光明，光明带来了许多新鲜的空气。我在这歧路上徘徊观望，逡巡不敢前进。久而久之，习惯使我胆壮，我就在口咽的上下，扁桃腺的四周埋伏，等候着乘机起事。所以在人身，我的菌众与种类，除了盲肠的左右以外，要算以咽喉之间为最多了。

我在呼吸道上进攻的目的地，当然是肺。

那儿有吃不尽的血粮，
那儿有最广阔的地场，
肺尖又脆肺瓣又弱，
我可以长期地繁殖着，
但我在未达到肺腑前，
要尝尽千辛万苦；
一越过了软骨的音带，
突然就遇着诸种危害：
四围的细胞会鼓起纤毛来扫荡我，
两旁的黏膜会流出黏液来牵绊我，
喷嚏、咳嗽、说话，与呼吸又来驱逐我，
沿途的淋巴腺满布着白血球突来捕捉我。

我真是无可奈何了。所以在天气好的日子，从咽喉到肺这一条深港是平静无事的，我就偶尔跌进里头去，也没敢多流连呀！

一旦云天变色，气候骤寒，呼吸道上忽然遇着冷风的袭击，我一得了情报，马上就在扁桃腺前，召集所有预伏的菌兵菌将，会师出发，往着肺门进攻。

到那时，全咽喉都震撼了。

肺港之役

　　肺港之役是我的优胜纪录，是我生平最值得纪念的一件轰轰烈烈的大事，是我进攻呼吸道的大胜利。在这胜利的过程中，我几乎征服了全人类，全生物界为之震惊。

　　虽然，在这之前，我还有许多其他伟大的战绩，但都以布置不周，我作战的秘密，一一都为科学先生所揭穿了。如14世纪横行欧洲的大鼠疫，就是我利用了家鼠与跳蚤攻人皮肤的大胜。如扫荡全世界六次的大水疫，就是我勾结苍蝇与粪水攻人肚肠的大胜。谁知道自19世纪末期以来，科学先生发明了抵抗我军的战略，从此卫生先进的国家都很严密地防范我，我哪里再敢从这两条战线上大规模地进攻人类呢？鼠疫和水疫打得人类如落花流水，也是我两番光荣的胜利啊，以后还要详细地追述，这里不过提一提罢了。

　　至于肺港之役，是我出奇兵以制胜人类，使聪明的人类摸不着防御我的法门，而甘拜下风。

　　自那位胡子科学先生提出了抗菌的口号以来，他的徒弟徒侄等相继而起，用着种种奸巧的计策，在各种传染病的病人身上，到处逮捕我。从公元1874年，我有一个淘气的孩子，在麻风病人的身上细嚼他的烂皮肉的时候，突然被一位科学先生捕捉了去，此后25年之间，欧洲各处实验室里高燃着无情之火，正是捕菌运动最紧张的时期，我的家人亲友被囚入玻璃小塔里的真是不计其数。他们（指实验室里的工作人员）用严刑来拷问我，用种种异术来威胁我，灌我以药汤，浸我以酸汁，染我以色料，蒸我以热气，无非要迫我现出原形于显微镜之下。

更有所谓传染病的三原则是一位著名的德国医生所提出的，他们都拿来作为我犯罪的标准。假如，据他们试验观察的结果，我和某种传染病的关系都符合下面所举的三原则，就判定我的罪状，加我以某种传染病的罪名。我菌儿这一群，平时大家都在一起共同生活，有血大家喝，有肉大家吃，不分彼此，不立门户，也不必标新立异地各起名称，大家都是菌儿，都叫作菌儿罢了。这是这一篇自传里我的一贯的主张。而今不幸，多事的科学先生却偏要强将我这一群分门别类，加上许多怪名称，呼唤起来，反而使我觉着怪麻烦的。何况，像我这样多样而又善变的生活方式，若都一一追究出来，我的种类又岂止几千种。这便在命名上不免发生纠纷，成为问题。

闲话少讲。先谈谈这传染病的三原则吧。

我常听到科学先生说，每一种特殊的传染病，一定都有一种特殊的病菌在作祟，所以他们要认清病菌，寻出正凶，而后才可以下手防御，发出总攻击令，不然打倒的若不是凶手，凶手却仍在放毒杀人，病仍是不会好的。他们似乎又在讲正义了，并不盲目地加害于我的全体。

那么，传染病的凶手是怎样判定的呢？这要看他们如何检查我那个特殊的淘气孩子的行动了。

他们的第一条原则是：要在每一个得了这特殊的传染病的病者身上，捉到我这行凶的孩子，而且它被捕的地点也应该就是行凶的地点。这就是说，若在其他不相干的地方抓到它，而真正的伤口上反而不能寻获，那证据就有些靠不住了。我这一群来来往往在人身做"过客"的有很多很多，自然不可以随意指出一个说它是凶手。要在出事的地点常常发现的才是嫌疑犯。

第二个原则是：这凶手要活生生地捉到，并且把它关在玻璃小塔里面，还能养活它，并且还会一代一代地传种传下去，别的菌种都不许混进来，以免有所假冒，以免鱼目混珠，要永远保持那凶手的单独性。若凶手早已死去，或因绝食而自毙，则它的犯罪的情形将何从考证？它的真相将何以剖明？

假定凶手是活擒到了，它也能在外界继续生长，独囚一室，不和异种相混，也不能就此判定它是这病的主犯，有时也许是抓错了，也许它不过是帮凶而已，而正凶反而逃脱了。怎么办呢？那就要用第三条原则来决定了。

第三条原则就是动物试验。拿弱小的动物作为牺牲品，把那有嫌疑的菌犯注射进这些小动物的体内去，如果它们也发生同样的病状，那就是这特殊传染病的正凶之铁证，不能再狡赖了。

我在旁听了之后，不禁叹服这位科学先生的神明，他能这样精巧地定计破贼，真是科学公堂上的包拯啊！然而，这使我为着那一批专和人类作对的蛮孩子担心了。

科学先生的狡计虽然是厉害，我攻人的计划几乎一一都为他所破坏了。但是，强中还有强中手，我家里有三个小英雄，就不为他们的严刑所恫吓，就不受这传染病的三原则所审理。肺港之役，我连战皆捷，就是这三位小英雄安排好的巧计。

我的这三位小英雄，科学先生已给它们定了传染病的罪名了。

第一名，他们说它是猩红热的正凶，叫它作溶血链球菌。

第二名，他们说它是肺炎的主犯，称它作肺炎①双球菌。

第三名，他们说它是流行性感冒的祸首②，唤它作流行性感冒杆菌。

这他们当然是根据传染病的三原则而建议的。然而，我的这三个孩子的行动并不是这么单纯。它们犯案累累，性质又未必皆相同。如第一名，不仅使人发生猩红热，什么扁桃腺炎、丹毒、产褥热③、蜂窝组织炎之类的疾病，也都是由它而起。我这里所谈的肺港事件，就与它有密切的关系。……总之，这三位小英雄在侵略人体时，都是随机应变，它们的生活是多方面的。可见这些科学的命名也免不了有些牵强附会了。我们切不可认真，认真了就有以名害实的危险。在我的自传里，提起孩子的名称这还是第一遭，所以特地声明一下。

我这三位小英雄，都是最爱吃血的微生物。为了要吃血，它们奋不顾身地往肺港里冲。它们又恐怕遭敌人的暗算，所以常是前呼后应地结成联合阵线，胜则同进，败则同退，不但白血球应接不暇，就是科学先生前来缉凶的时候也迷惑了，弄不清楚哪一个是真正的凶手呀。

当我在扁桃腺前会师出发，往着肺门进攻的时候，一路上遇到不少的挫折，我的其他孩子们都在半途战死，独有这三位小英雄，在这肺港里横冲直撞，所向无敌。

肺港是一个曲折的深渊，前半段，从咽喉的门户到肺叶的边界，是呼

---

① 肺炎是由病毒、细菌引起的，种类很多。

② 事实上，流行性感冒真正的罪魁祸首是流感病毒，流行感冒杆菌不过是流感流行时引起呼吸道继发感染的细菌。在作者所处的时代，流感病毒尚未分离成功，人们对此尚无足够的认识。

③ 产褥感染，旧称产褥热。

吸道的里湾，肺叶以内分为无数肺泡，这些肺泡便是呼吸道的终点。

我进了肺港之后，若不遇到阻挡，就一直往下滚，滚，滚过了支气管，然后是小支气管，再后是最小支气管。它们像树枝一般渐渐地小下去，渐渐地展开，我也顺着那树枝的形状快快地蔓延起来。一进了肺叶，那管口愈分愈细了。穿过了一段甬道似的肺泡小管，便是空气洞，再进则为空气房，空气洞与空气房合在一起便是一个肺泡。新旧的空气就在这儿交换。所以我在途中前后都有大风，冷风推我前进，热风迫我后退。

在肺泡的壁上，满布着血川的支流。心房如大海，血管似江河，血川就算是微血管的化名了。在这儿，我看见污血和新血的交流，我看见血球在跳跃，血水在汹涌澎湃，我细胞的饿火燃烧起来了。

全肺所有肺泡的面积，胀得满满的时候，约有90平方米，这比全皮肤的面积还大了100倍。因此在这儿，血川的流域甚广甚长，况且肺泡的墙壁又是那么薄弱，那壁上细胞的纤毛这儿又都已不见了。到了这里，血川是极容易攻陷的，我的吃血是方便的事了。

为了吃血的便当，我这三个爱吃血的孩子就常常深入肺泡，强占肺房，放毒纵兵，轰炸细胞，冲破血管，与白血球恶战，与抗毒体肉搏，闹得人肺发硬作病，流血出脓，而演成人身的三大病变——伤风、流行性感冒、支气管肺炎——一次比一次紧张，一回较一回危急。

伤风是我的小胜，流行性感冒是我的大胜，支气管肺炎是我的全胜。

在人生的旅途中，谁个不得过几次或轻或重的伤风呢？在流行性感冒大流行的时期，三人行必有一人被传染，尤其是在1918至1919年那一次，全世界都发生了流行性感冒的恐慌，我的声势之大真是亘古所未有，几个月之间，人类之被害者，比欧战4年死亡的总数还要多。至于支气管肺炎，那更是人人所难逃免的病劫。人到临终的前夕，他的肺都异常虚弱，我的菌众竞来争食，因而他的最后一次呼吸，往往是被支气管肺炎所割断了。这可见我在肺港之役的胜利，是一个伟大而普遍的胜利。人类是无可奈何了。

伤风是人类司空见惯的病了，多不以为意。流行性感冒，你们中国人有时叫它作重伤风。那支气管炎也就可以说是伤风达到最严重的阶段了。他们都只怪风爷的不好，空气的腐败，却哪里知道有我，有我这三个在肺港里称霸的孩子在侵害。

自从科学之军崛起，我在其他方面进攻人类都节节败退，独有肺港之役，我获得最大的胜利。这是我那三个小英雄之功。

将来的发展如何，我不知道，但因为我在人身有极重大的经济利益，我始终要求人类承认我在肺港的特殊地位，承认我的侵略权。

肺港里还有其他的纠纷事件，如肺痨、百日咳、大叶肺炎、肺鼠疫，如此之类，以及要封锁港口的白喉，那都因为性质不大同，都不及在此备载了。

吃血的经验

从血川到血河，一路上冲锋陷阵，小细胞和大细胞肉搏，鞭毛和伪足交战，经过无数次的恶斗，终于是我得胜了，占领了血河，而人得败血症病死了。

于是科学先生就板起面孔来，在实验室里，大骂我是穷凶极恶的暗杀党，谋害了宝贵的人命，他们一定要替人类复仇，发明新武器来歼灭我。

这不但于我的名声有损，而且连我在生物界的地位都动摇了。我在这一章里是要述明我的立场哩。

中国的古人不是说过吗："民以食为天。"我是生物界的公民之一，当然也以食为天，不能例外。

我的生活从来是很艰苦的。我曾在空中流浪过，水中浮沉过，曾冲过了崎岖不平的土壤，穿过了曲折蜿蜒的肚肠，也曾饿在沙漠上，也曾冻在冰雪上，也曾被无情之火烧，也曾被强烈之酸浸，在无数动植物身上借宿求食过，到了极度恐慌的时候，连铁、硫和碳之类的矿盐，也胡乱地拿来充饥，我虽屡受挫折，屡经忧患，仍是不断努力地求生，努力维护我种我族的生存，不屈服，不逗留，勇往直前。我无时无刻不在艰苦生活之中挣扎着。我的生活经验，可以算是比一般生物都丰富得多了。我这样四方奔走，上下飘舞，都是为着吃的问题没有解决呀！

我想，生物的吃，除了一般植物它们所吃是淡而无味的无机盐以外，其他的如动物界中的各分子及植物界中之有特别嗜好者，它们所吃，就尽是别的生物的细胞。它们不但要吃死去的细胞，还要吃活着的细胞。

吃人家的细胞以养活自己的细胞，这可以说是生物界中的一种惯例吧。于是各生物间各种掠夺、互相残杀的事件，层出不穷。

　　我菌儿虽是最弱最小的生物，在生物界中似乎是居最末位的，但我对于吃的问题也不能放松。

　　我几乎是什么都吃的生物，最低贱的如阿米巴①的胞浆，最高贵的如人类的血液，我都曾吃过。我虽是被列入植物界，但我所吃，所爱吃的，绝不像植物所吃的那样淡泊而没有内容。我的吃是复杂而兼普遍，我是最能适应环境的生物。

　　但是，我因感受到外界的空虚、寂寞而荒凉，我的细胞时有焦干冻饿的恐慌，所以特别爱好在动物身上盘桓，尤其是哺乳类的动物，人和兽之群。他们的体温常是那么暖和，他们又能供给我以现成的食料。我在他们的身上，过惯了比较舒适的生活，就老不想离开他们的圈子了。于是我的大部分群众就在这圈子之内无限制地生长繁殖起来了。

　　人和兽之群，在我看去真是一座座活动的肉山啊！

　　我初到人兽身上的时候，看见那肉山上森严地立着疏疏密密的森林似的毛发须眉，又看见散乱地堆着，重重叠叠的、乱石似的皮屑。我就随便吃了这些皮屑过活，那时我的生活仍然是很清苦的。

　　后来我又发现肉山上有一个暗红的山洞，从那山洞进去，便是一个弯弯曲曲无底的深渊，那就是人兽的肚肠。肚肠是我的天堂，那儿有来来往往的食货。我就常常混在里面大吃而特吃。但不幸我在洞里又遇到了一种又酸又辣的液汁，我受不住它的浸洗。所以除了我那些走熟这一条路的孩子们以外，我的大部分菌众都不能冲过去。这天堂仍是一个特殊阶级的天堂啊！

　　有一回，人的皮肤上忽像火山一般爆裂了，流出热腾腾红殷殷的浓液。当时我很惊异，这东西是从哪里来的呢？后来我在肺港里是见惯了

　──────────
　① 亦称变形虫。

它，它的诱惑力激发了我的食欲和好奇心。我的细胞就往往情不自禁地跳进它的狂流之中去。我尝了它的美味，从此我对于人兽的身体就抱着很大的野心了。

我虽有吃活人活兽之血的野心，然而这并不是轻而易举的事，这也并不是我菌群中全体的欲望。这种侵略人兽的大举有些像帝国主义者的行为，虽然那不过是我族中少数有势力的少壮细胞所干的事，帝国主义者侵略弱小民族也并不是他们国内全体人民的公敌呀。所以你们不要因为我少数的"菌阀"的蛮干，使人类不安，而加罪于我们全体，连我一切有功的事业也都抹杀了。

人类本来都茫然不知道我在暗中的活动，我的黑幕都是被多疑的科学先生所揭穿的。他们老早就疑惑我和人兽之血的恶关系了。于是他们就时常在人血兽血中寻找我的踪迹。因为对于初生的婴孩，他的肠壁的黏膜还不十分完整与坚实，他们想我到了那里，一定是很容易通行的。又因为在猪牛之类的肌肉和组织里，他们时常发现我，因此他们对于我是更加疑忌了。但是在健康之人的血液里，他们老寻不着我，罪证既不完全，他们就不能决定我会在活血里行凶呀。这是因为平时血液的防卫很严密，我很不易攻入。我就是偶尔到了活血里面，不久也被血液里的守军杀退了。

血液是那样密密地被包在血管里，围在皮肤和黏膜之内，我要侵入血流中，必先攻陷皮肤和黏膜。所以在平时皮肤的每一角落，黏膜的每一处空隙，都满布着我的伏兵，我在那里静候着乘机起事呢。

皮肤和黏膜的面积虽甚广大，却处处都有重兵把守。皮肤是那样坚韧而油滑，没有伤口即不能随便穿过。眼睛的黏膜有眼泪时常在冲洗，眼泪有极强大的杀菌力量，就是把它稀释到四万分之一，我还不敢在那里停留。不这样，你们的眼睛将要天天发红起肿了。呼吸道的黏膜又有纤毛，会扫荡我出来。胃的黏膜，会流出那酸溜溜的胃汁，来溶化我。尿道和阴户的黏膜也有水流在冲洗，我也不能长久驻足。此外是鼻涕、痰和口津之类也都会杀害我。真是除了汗、尿，和人们不大看见的脑脊髓液而外，人和兽之群乃至于一切动物，乃至于有些植物，它们的体内，哪一种流液，哪一种组织，不在严防我的侵略，没有抵抗的力量呀！

至于血，当然了，那是高等动物所共有的最丰富的流液，它的自卫力量更是雄厚了。

血，据科学先生的报告，凡体重在150磅^①左右的人都有7升的血，昼夜不息，循环不已地在奔流着，在荡漾着，在汹涌澎湃着。血，它是略带碱性的流体，我在血水里闻到了"蛋白质""糖类"和"脂肪"的气味了；我见过了钠的盐、钙的盐的结晶体了；我尝到了"内分泌"和氧的滋味了。

在血的狂流中，我又碰到了各种各样的血球在跳跃着，在滚来滚去地

---

① 1 磅 = 0.4535924 公斤

流动着。

我最常遇到的是像车轮似的血球，带点儿青黄的颜色，它的直径只有7.5微米，它的体积只有2.5微米，它的胞内没有核心，它像一只只的粮船，满载着蛋白质和脂肪，在我的身旁掠过。我看它那样又肥又美的胞体，我的饿火上冲了。我曾听科学先生说过，它的胞体里还有一种特殊的色料，叫作"血色素"，那是最珍奇的一种食宝。我远远地就闻见了动物的腥味，那就是从这血色素里所放出来的气味吧。我的少壮细胞爱吃人兽之血，目的也就在它的身上吧。

但我在血的狂流中，又遇到了一群没有色素的血球。它们的胞体内却有了核心。那核心的形状又有好些种。有的核心是满大的，几乎占满了血球的全身；有的核心是肾形的，有的核心是凹凸不平的。它们这一群都是我的老对头，我在血中探险的时候，常受着它们的包围与威胁，它们会伸出伪足来抓我。

我又看到了一种卵形无色的小细胞，它有凝结血液的力量，我常被它绑住了。有人说它是白血球的分解体，叫它作"血小板"。

还有一种一半是蛋白质，一半是脂肪的有色细粒，科学先生叫它作"血尘"，大约它们就是死去的红血球①的后身吧。

此外，更奇怪的就是，我在血流中奔波的时候，我的细胞常中途而死，不知是中了谁的暗算，这我在后来才知道是所谓"抗体"之类无形的东西在和我作对呀。

血液是我所爱吃的，而血管的防卫是那么周密，红血球是我所爱吃的，而白血球的武力是那么可怕，每600粒红血球就有1粒白血球在巡逻着，保卫着它们！在这种情势之下，我有什么法子去抢它们来吃呢？我的经验指示我了：

第一要看天时。在天气转变的时候，人兽的身体骤然遇冷，他们皮肤

---

① 红细胞的旧称。

和呼吸道的黏膜都瑟瑟缩缩地发抖起来，微血管里的血液突然退却，在这时候我的行军是较顺利的。或是外界的空气很潮湿，很温暖，我虽未攻入人体的内部，也能到处繁殖，所以在热带的区域，在人兽的皮肤上，常有疔疮疖子之类的东西出现，那都是我驻兵的营地呀。

第二要看地利。皮肤一旦受了刀伤枪伤而破裂，我就从这伤口冲入。有时人的皮肤偶为小小的针尖所刺，不知不觉地过了数小时之后，忽然作痛起来，一条红线沿着那作痛的地方上升，接着全身就发烧了，这就是我的先锋队已从这刺破的小孔进攻，而节节得胜了呀。

然而对于抵抗力强的身体，这是不常有的事。在平时我一冲进皮肤或黏膜以内，血液就如风起潮涌一般狂奔而来，涌来了无数的白血球，把我围剿了。这就是动物身体发炎的现象，发炎是它们的一种伟大的抵抗力量啊！

但是对于身体虚弱的人，他们的抵抗力是很薄弱的，发炎的力量不足以应付危机。于是我就迅速地在人身的组织里繁殖起来了，更利用了血管的交通，顺着血水的奔流，冲到人身别的部分去了。有时千回百转的小肠大肠，会因食物的阻塞、外力的压迫，而突然破裂，那时伏在肠腔里的我就趁势冲进腹膜里去，又由淋巴腺、淋巴管而辗转流到血的狂流中去。这是我由肠壁的黏膜而入于血的捷径。

我又有时在外物与腐体的掩护之下，攻入血中。我伏在外物或腐体里，白血球和其他的抗菌分子就不能直接和我作战了。例如在人类不知消毒的时代，产妇的死亡率很高，那就是因为我伏在产妇身上横行无忌的缘故。

第三要看我的群力。我在进攻人身的内部时，必须利用菌众的力量。单靠着一粒一粒孤军无援的细胞作战，是不济事的。我必须用大队的兵马来进攻。例如人得伤寒之病，是因为他所吃的食物里，早就有我的菌众伏在那里繁殖了。

第四要看我的战术。我要攻入血管，有时须勾结蚊子、臭虫和身虱之类的吮血虫做我的先驱，做我的桥梁。

第五要看我的武器。我有时会使用毒素之类凶险的武器。那毒素是屠杀动物细胞最厉害无比的利器。我常伏在人兽之身的一个小角落里施放这毒素。

总之不论用什么法子，从哪一个门户进攻，我的大队兵马一旦冲进了血管里面，占领了血河，在血的狂流中横冲直撞，战胜了白血球，压倒了抗体，解除了血液的武装，把一个一个红血球里的血色素尽量吃光了，那个人的生命就不保了。

人死后，埋了拉倒，我可在那尸体里大餐大宴，那就是我的菌众庆功论赏的时候了。

不幸的是，近来殡仪馆的人得到了消毒的秘诀，常把尸身浸在杀菌的药水里。更不幸的是，有些地方的民俗常用火葬，把尸体全烧成灰，那真是我的晦气。我不料在完全侵占了人身之后，竟同趋于灭亡，我就全军覆没了。这也许是人类的焦土政策吧！

乳峰的回顾

红润而滑腻的肠壁，充满了血腥和乳臭的气味，壁上的黏膜还不十分完整，黏膜里一排一排的上皮细胞还不十分紧连密接，从胃的下口不时流进了一滴滴雪白的乳汁。

这是一个新生儿的肠腔。在这样的一个新肠腔里，我是第一个小旅客。我也就是伏在那些乳汁里面混进来的啊。

这时候，肠腔里的情形很荒凉，寂寞的空气笼罩着我的四周，一点儿杂色的货物也没有，就是流进来的乳汁，一忽儿也都自干了，剩下我，孤单地在肠道彷徨着。

虽然，我知道，不久就会热闹起来，不久将有更多的乳汁流进，含有各种不同性质的食物也会源源而来，那时我的远近亲友，微生物界里形形色色的分子，都会争先恐后地齐来垦殖这新开拓的处女地。

然而，在目前这婴儿肠腔里的环境，是那么冷落空虚，孤独的心情压迫着我的核心，使我再也不能忍受下去了。曲折蜿蜒的肠子，又不停地在蠕动着，震荡得我几乎要晕倒在它的黏液中了。

在黏液中，我似梦非梦地在独自思念着，想起了无限缠绵悱恻的往事。

我想起了占领"人山"的经过。自从我那回攻入他的血管以后，我的生活就非常紧张，没有一刻不在战斗中过日子，而且还有与人同归于尽的危险。于是我不得不去另觅出路了。

我在"人山"上爬行，常望见他的胸前有两座圆而高耸的乳峰，遥遥相对着。我初以为它们是和熄灭了的火山一样，极其平静无事的。我抱着好奇的心理到了那峰口去探望。

我就从这峰口进去，一进去便是一间萎缩了的空囊，曾贮藏过什么东西似的。再进就是自来水管似的圆洞，一共有15个洞至20个洞之多。我愈入愈深，那圆洞也越分越细，最后到了一间最小的空房，便碰了壁，不能再前进了。

我沿途都望见有厚厚薄薄的"结缔组织"，包围着乳洞乳房的墙壁。在那壁上，我又看见有不少的脂肪在填积着。我想，那乳峰之所以会那样肿胖而隆起，大约就是这些结缔组织和脂肪在支撑着吧。可是，有的人山上的乳峰并不怎样高，有时竟萎缩到像平地上的一个小阜而已，那也就是因为脂肪太少，结缔组织又都已退化了吧。

我陡然地，又在那些结缔组织里面，发现了神经的支末，发现了动脉和静脉的血管、微血管，以及淋巴管之类的东西在跳动着。我想，神经和血管都派有代表在这儿驻扎，那不久一定就会发生大变动呀。于是我就静伏在乳峰的四周，不时又爬到那峰口里去窥探，打听有什么消息。

许久，许久，一些儿动静也没有。那人山却一天比一天长大起来了，山地上涌出的油和汗也变多了，那两座乳峰总是那么沉寂。我失望了。我就离开了这人山，又飘到了别的人山去视察了。

我这样地辗转流徙，到过了不少的人山，登上了不少的乳峰，最后我来到了一座丰满而肥大的人山，那山上的乳峰也格外高耸而膨胀，我觉着有些异样，忽然如地震一般，那人山动荡得非常厉害，又如雷响一般，哇的一声，什么东西坠地了。

我惊慌了，我疲乏了，我昏然地跌倒在那散满了油汗的山地上。过了几个时辰，我正懒洋洋地躺在那儿休息，忽然一盆温水似的，从上头浇下来，我的细胞浑身都湿透了。我往周围一看，望见像山巅积雪融化了似的，白茫茫的乳汁，从那峰口涌出，滚滚而下。

在那白茫茫的乳汁里，我遇见了不少小乳球，不少珍物奇货，都是脂肪、糖、蛋白质之类的好东西，都是我的顶上等的食品，我真喜出望外了。

脂肪之类，有"液脂""软脂""磷脂"，等等，都非常可口。

糖之类，就有那著名的"乳糖"，我很爱吃。

蛋白质之类，有"干酪素""乳球蛋白""胆脂素""尿素""肌肉素"，等等，都是不可多得的。

此外，还有酵素，还有无机盐，还有其他零星的小东西，如药料、香料，等等，数也数不清了。

有这样多、这样美的食品，装在一颗一颗的小乳球里，在白茫茫的乳汁中荡漾着，我可以大吃特吃了。

我吃过了乳球，觉得它比血球更好吃，而且乳汁里没有白血球在巡逻着，没有抗体在守卫着，虽也有一点儿杀菌的力量，可是薄弱得很，那我是不必怕的。况且乳汁又不像血液那样密密地包封在血管里面，它终于是要公开地流露在外界的。好了，那我要吃乳球是容易的事了。

然而，真奇怪，这么多的乳球和乳汁是从哪里跑出来的呢？好奇的心理又引我重新爬进那峰口里去探视。

这时候，萎缩的孔囊已经高涨起来了。乳洞乳房里，都涨满了乳汁。结缔组织已经大大地减少了。乳房壁上的细胞，一个个都异常活跃。我看见有几粒立方形的细胞，正在渐渐地拉长，变成了圆柱形，在它的一头，一点点的油点，不停地在涌出。这些油点，积少成多，不久就结成了一颗大得可观的乳球，比我的身子要大好几倍。这些乳球，又愈聚愈广，出了乳峰之口，就如喷水池一般倾泻而下了。

我记得，当我在血河里抢吃红血球的时候，似乎并未曾遇见过干酪素和乳糖之类的东西。显然，这些罕见的东西是乳球所特有，是乳房壁上的细胞自己制造出来的。不但如此，就是乳汁里的脂肪，它的内容，也和血液里的脂肪有些不同；就是乳汁里所含的各种无机盐的成分，和血液里所含的无机盐的成分也不一样。这样看来，在内容上，乳汁比血液更复杂丰富而精美。

然而，乳汁在原料上，无疑地还是仰仗于血液，还是红血球代它运送来的。那么，血管与乳房之间是有路可通了。

我在血河里，正苦于没有正当的出路，到了没有法子的时候，也只得随着眼泪、汗水、尿水、鼻涕、口津、痰之类人们所厌弃的流液奔出，不然人山一旦崩溃，我将随着它的尸身，又回到我的土壤去了。这是我所不愿意的。

我一生最大的希望，最有野心的企图，就是征服人山，尤其是幼小无力的人山，开拓我的新殖民地，使我族可以无限制地繁殖下去。现在我既发现了这乳峰里的秘密，就可以布置新的交通网了。

我可以从血管里冲进乳房，在乳囊里集中，在乳峰口会合出发，一喷就喷到婴儿口里去了。我知道乳汁前途的环境是非常温暖而舒适的，在它的浸润中，我绝不至于冻饿，一到了婴儿的肚肠里，更是饱暖无忧了。

然而，人到底是爱干净的动物，现代人的母亲更加讲究了。在哺乳之前，必有一番清洁的准备，用硼酸水或用酒精来洗刷她的乳峰，在这种消毒力量威胁之下，伏在乳峰四沿的我早已四散逃避了。

然而，我有一群淘气的孩子们会从血管里冲过来，预先和乳汁混在一起，有荚膜的鼓起它们的荚膜，有鞭毛的舞着它们的鞭毛，怒气冲冲地，预备一出去，一踏上婴儿的食道，就大显身手。不幸的是，这消息已被科学先生侦察到了。讨厌的科学先生就大肆提倡什么验血验乳的勾当。什么"梅毒反应"，什么"结核菌素反应"之类，都是故意与我为难，禁止我再入婴儿的口，绝我求生之路，我真愤恨极了。

人山上的戒备既是这样严密，我这个侵略婴儿的计划，算是失败了，于是我又有占领"牛山""羊山"上的乳峰作为攻人的根据地的企图。

其实，大如老虎狮子，小如兔儿老鼠，哪一个哺乳类的动物，它的乳峰上没有我的踪迹？正因为牛和羊的乳汁，是被人类夺去了作为日常的饮料，这些乳汁到人口之前，不知要经过多少曲折，多少跋涉，这之间，我就有机可乘，所以我特别爱在它们的乳峰上盘桓，等候着机会的来临，等候着乳峰的开放。

在牛山上的乳峰开放了以后，我的菌众就纷纷地争来求食了。

有的从牛粪里飞上了牛山，又由牛山辗转来到了乳峰之下，有的从牧场上的灰尘泥土奔来，有的从摄乳的人的手指、喉咙里、衣服上送来，又有的就预先伏在乳桶、乳锅、乳瓶、乳杯里等候了。从乳峰到人口，凡是乳汁游行所必经之路，一站一站莫不有我的兵队，在黑暗里埋伏着。

乳汁来了，它把乳峰内外四旁的菌众，都冲到乳桶里去了。乳汁是最适合我的胃口的滋补品，于是我的菌众在那儿迅速地繁殖起来了。

所有普通没有消毒过的牛乳，一到了人口，已满载着我的菌众，我的菌数之多，实足以惊人，为卫生家所嫉视，科学先生为了这问题，更担心了。他们曾费了一番苦心来研究。据他们的报告，在一切饮用的流液之中，我的数目当以牛乳里所含为最多。于是他们就定下了一种检查牛乳的法规，要加我以限制。我喝牛奶而已，与他们有什么相干，难道人可夺母牛之乳而饮，就不许我在奶汁里沾一点儿光吗？

我到了乳汁里之后，就择所好而吃，牛乳的内容本来也和人乳一样的丰富，不过它的"干酪素"较多，它的乳糖、脂肪则较少罢了。

我吃了乳糖，把它化成乳酸，这样含有乳酸气味的酸牛奶，常为欧美人士所喜爱，说是有助于消化，可以治胃肠的病，可见我的生活过程对于人类，不全是有害，有时还有很大的好处，这酸牛奶的功用便是一个好例子。以后我还要举出许多别的例子来，这里不再唠叨了。

有时我吃了乳糖，不但产酸，而且产气，所产的酸，又不是乳酸，而是带点儿苦味的醋酸，那牛乳人就不肯吃了。

我在乳汁中，又会放出两种"酵素"：一种有分解"干酪素"的力量，一种会破坏其他的蛋白质。那乳汁会先凝结成乳块，再化成清清的乳水。

至于乳汁里的脂肪，我也常吃，吃了就把那脂肪"碱化"了，使那乳汁又变成黄黄的透明之水了。

在上述这些情形之中，在我大吃特吃之后，乳汁都发生了重大而显著的变化，人眼可望而见，人鼻可嗅而知，人口可拒之而不饮，就不至于发生什么变故了。

然而有时牛山上的情形很恶劣，山谷里尽是乌烟瘴气，我的一群淘气的孩子们已在山里东冲西突，乱抢乱劫，它们一得到乳峰开放的消息，一定会狂奔而来，混在乳汁里捣乱。呀！在我菌众中，它们是最刁滑无比的一群，它们可以不动声色地偷偷在那里吃乳。它们吃过了之后，那乳汁也不会发生任何变化，人不知不觉地若吃了这样的乳汁，那才危险呢。

就这样，我的这一群野孩子就随着乳汁深入到人身的内地去了。由于它们行凶的结果，所造成的不幸事件就有结核、伤寒、副伤寒、痢疾、白喉、猩红热、脓毒性的喉痛，乃至于"布鲁氏菌病"之类的疫病。不知什么时候这消息又被科学先生的情报处所侦知了。于是在人山的食洞里，在乳汁所走过的路途上，在牛山的乳峰里，他们就大肆搜捕我的菌众，我的儿孙们无辜被牵连入狱者不计其数。

最后，科学先生得到了完全的罪证，他们才知道，这些从乳汁所传染来的疫病，都是我那一群淘气的孩子所干的事，和我普通的菌众无关。

他们又发现了我的孩子们的弱点。我那些淘气的孩子们，都是顶怕热的微生物，热一过了60℃（140°F），经过了20分钟之久，它们就要死尽了，而其他与人无害的菌众，则仍可以在这热度中偷生。

所以在今日，牛奶的消毒，都是根据这个原理。这他们似乎是顾全了我全体的生命，不用蒸煎的法子来歼灭我的全部，而其实他们是为着自己的利益，因为牛奶一经煮开，它滋养的内容就会损坏不少。

我听说，这种消毒法，又是那位胡子科学先生所想出来的花样儿，他真处处和我为难。哎呀，那胡子，他真是我的老对头！

食道的占领

食物的问题真够复杂而矛盾了。

除了无情的水、无情的空气、无情的矿盐之外，一切生命的原料，都是有情的东西，都是有机体，都是各种生物的肉身。

地球上各种生物，都有吃东西的资格，也都有被吃的危险。不但大的要吃小的，小的也要吃大的。不但人类要宰鸡杀羊，寄生虫也要拿人血人肉来充饥。这不是复仇，不是报应，这是生物界的一贯政策，生存竞争。

在生物界中，我是顶小顶小的生物，我要吃顶大顶大的东西，不，我什么东西都要吃，只要它不毒死我。一切大大小小的生物，都是我吃的对象。因此，我认为我谋食最便利的途径，就是到动物的食道①上去追寻。我渺小的身体，哪一种动物的食道去不得？

为了食的追求，我曾走遍天下大小动物的食道。在平时，我和食道的老板，都能相安无事。我吃我的，它消化它的。有时，我的吃还能帮助它的消化呢。牛羊之类吃草的动物，它们的肚肠里若没有我在帮助它们吃，那些生硬的草的纤维素，就不易消化。

虽然，有些动物的食道，我是不大愿意去走的。蝎儿的肠腔我怕它太阴毒，某种蠕虫儿的肚子我嫌它太狭窄。北极的白熊，印度的蝙蝠，它们的食道，我也很少去光顾，这我是受不了不良环境与气候的威胁呀！

我到处奔走求食，我在食道上有深久的阅历，我以为环境最优良，最丰腴的食道，要数人类的肚肠了。这在前面我已宣扬过了：

---

① 食道在这里泛指消化道。

人类的肚肠，是我的天堂，
那儿没有干焦冻饿的恐慌，
那儿有吃不尽的食粮。

　　人类这东西，也是最贪吃的生物，他的肚子，就是弱小动植物的坟墓，生物到了他的口里，都早已一命呜呼了。独有我菌儿这一群，能偷偷地渡过他的胃汁，于是他肠子里的积蓄，就变成我的粮仓食库了。在消化过程中的菜饭鱼肉，就变成我的沿途食摊了。在这条大道上，我一路吃，一路走，冲过了一关又一关，途中风光景物，真是美不胜收，几乎到处都拥挤不堪，我真可谓饱尝其中的滋味了。虽然，我也曾厌倦这种贵族式的油腻生活，巴不得早点儿溜出肛门之外。

　　然而，在平时，我的大部分菌众，始终都认为人类的肠腑是我最美满的乐土，尤其是在这人类称霸的时代，地球上的食粮尽归他所统治，他的食道，实在是食物的大市场，食物的王国。我若离开他的身体再到别的地方去谋生，那最终是要使我失望的啊。

　　这种道理，我的菌众似乎都很明白，因此，不论远近，只要有机可乘，我就一跃而登人类的大口。这是占领食道的先声。

　　在他的大口里，就有不少的食物的渣滓皮屑，都是已死去的动植物的细胞和细胞的附属品，在齿缝舌底之间填积着，可供我的浅斟慢酌，我也可以兴旺一时了。然而，我在大口里，老是站不住脚的。口津如温泉一般滚流不息，强盛的血液又使我战栗，吞食的动作又把我卷入食管里面去了。不然的话，我一旦得势，攻陷了黏膜，那张堂皇的大口，就要臭烂出脓了。

　　到了食管，顺着食管动荡的力量，长驱直入，我的先头部队，早已进抵胃的边岸了。扑通一声，我堕入黑洞洞、热滚滚、酸溜溜、毒辣辣的胃汁的深渊里去了。不幸的是我的大部分菌众都白白地浸死了。剩下了少数顽强的分子，它们有油滑的荚膜拔体，有坚实的芽孢护身，一冲都冲过了这食道上最险恶的难关，安然到达胃的彼岸了。

有的人，胃的内部受了压迫，酿成了胃细胞怠工的风潮，胃汁的产量不足，酸度太淡，消化力不够强，我是不怕他的了，就是从来渡不过胃河的菌众，现在也都踉跄地过去了。

有的时候，胃壁上陡地长出一个团团的怪东西，是一种畸形的，多余的发育，科学先生给它一个特殊的名称叫作"癌"。"癌"，这不中用的细胞的大结合，我就毫不客气地占领了它，作为我攻人的特务机关了。

一越过了有皱纹的胃的幽门，食道上的景色就要一变，变成了重重叠叠的，有"绒毛"的小肠的景色了。酸酸的胃汁流到了这里，就渐渐地减退了它的酸性。同时，黄黄的胆汁自肝来，清清的胰汁自胰腺来，黏黏的肠汁自肠腺里涌出，这些人体里的液汁，都有调剂酸性的本能。经过了胃的一番消化作用的食物，一到小肠，就渐渐成为中间性的食物了。中间性是由酸入碱必经的一个段落。在这个段落里，我就敢开始吃的劳作了。

不过，我还有所顾忌，就是那些食物身上还蕴蓄着不少"缓冲的酸性"，随时都会发生动摇，而把大好的小肠，又有变成酸溜溜的可能。所以在小肠里，我的菌众仍是不肯长久居留，我仍是不大得意啊！

蠕动的小肠，依照它在食道上的形势，和它的绒毛的式样，可分为三大段。第一段是十二指肠，全段只有十二个指头并排在一起那么长，紧接着是胃的幽门。第二段是空肠，食物运到这里，是随到随空的，不是被肠膜所吸收，就是急促地向下推移。第三段是回肠，它的蜿蜒曲折千回百转的路途，急煞了混在食物里面的我，我的行动是受了影响了，而同时食物的大部分珍美的滋养料，也就在这里，都被肠壁的细胞提走了。

我辛辛苦苦地在小肠的道上，一段一段地推进，一步一步我的胆子壮起来了。不料刚刚走到酸性全都消失的地方，好吃的东西，出其不意地，又都被人体的细胞抢去吃了。我深恨那肠壁四周的细胞。

小肠的曲折，到了盲肠的界口就终止了。盲肠是大肠的起点。在盲肠的小角落里，我发现了一条小小的死巷堂，是一条尾巴似的突出的东西，食物偶尔堕落进去，就不得出来。我也常常占领了它作为攻人的战壕，因此人山上就发生了盲肠炎的恐慌。

到了大肠了。大肠是一条没有绒毛的平坦大道，在人山的腹部里面绕了一个大弯。已经被小肠榨取去精华的食物，到了这里，只配叫作食渣了。这食渣的运输极其迟缓，愈积愈多，拥挤得几乎透不过气。我伏在这食渣上，顺着大肠的趋势，慢慢往上升，慢慢横着走，慢慢向下降，过了乙状结肠，到了直肠，这是食道上最后的一站，就望见肛门之口，别有一番天地了。

食渣一到了大肠的最后一段，一切可供为养料的东西，都已被肠膜的细胞和我的菌众洗劫一空了，所剩下的只是我无数万菌众的尸身和不能消化的残余，再染上胆汁之类的彩色，简直只配叫作屎了。屎这不雅的名称，倒有一点儿写实的意思呢。

多事的科学先生，曾费了一番苦心去研究屎的内容，他们发现了屎的总量的1/4至1/3都是尸，尸就是指我而言。据说，我的菌群，从成人的肛门口所逃出的，每天总有8克重量的我，真不算少，估计起来，约有128000000000000000000之多的菌尸。128之后，又拖上了18个零，这数字是多么惊人。由此可以想见大肠里的情形是如何热闹了。

然而，在十二指肠的时候，我才从死海里逃生，我的神志，犹昏昏沉沉，我的菌数，殆寥寥无几，这些大肠里异常热闹的菌众，当然是到了大肠之后才繁殖出来的。我的先头部队，只需在每一群中，各选出几位有力的代表，做开路的先锋，以后就可以生生世世坐在肠腔里传子传孙了。

在我的先头部队之中，最先踏进肠口的，是我最疼爱的一个孩子。它是不怕酸的一员健将，它顶顶爱吃的东西就是乳酸。它常在乳峰里鬼混，它混在乳汁里面悄悄地冲进婴儿的食道里来了。在婴儿寂寞的肠腔里，感到孤独悲哀而呻吟的，就是它。它还有一位性情相近的兄弟，那是从牛奶房里来的，也老早就到人山的食道上了。

在婴儿没有断乳以前的肠腔，这两弟兄是出了十足的风头，红极一时的。婴儿一断了乳，四方的菌众都纷纷而至，要求它俩让出地盘。它们一失了势，从此就沉默下去了。

这些后来的菌众之中，最值得注意的，是我两个最出色的孩子，这两个都是爱吃糖的孩子。它们吃过了糖之后，就会使那糖发酵。发酵是我菌儿特有的技能。为了发酵，不知惹出了多少闲气来，这是后话不提。

这两个孩子，一个就是鼎鼎大名的"大肠杆菌"，看它的名字，就晓得它的来历。它的足迹遍布天下动物的肚肠，只有鱼儿蛤儿之类冷血动物的肠腔，它似乎住不惯。科学先生曾举它作粪的代表，它在哪儿，哪儿便有沾了粪的嫌疑了。

那另一个，也有游历全世界肚肠的经验。它身上是有芽孢的，它的行旅是更顺利了。不过，它有一种怪脾气，好在黑暗没有空气的角落里过日子，有新鲜空气的地方，反而不能生存下去。这是"厌气菌"①的特色。肚肠里的环境，恰恰适合了这种奇怪的生活条件。

我的孩子们有这一种怪脾气的很多，还有一个，也在肚肠里谋生。它很淘气，常害人得"破伤风"的大病，在肠腔里，它却不作怪。你们中国北平工人的肠腔里，就收留了不少它的芽孢。这大概是由于劳苦的工人多和土壤接近吧！我的这个孩子本来伏在土壤里面。尤其是在北平，大风刮起漫天的尘沙，人力车夫张着大口喘息不定地在奔跑，它的机会就来了。

其实，我要攀登人山上食道的机会，真多着哪！哪一条食道不是完全公开的呢？我的孩子们，谁有不怕酸的本领，谁能顽强抵抗人体的攻击，谁就能一堑一堑冲进去了。在这人山正忙着过年节的当儿，我的菌众就更加活跃了。

我虽这样占领了食道，占领了人类的肚肠，但仍逃不过科学先生灼灼似贼的眼光。有时人们会叫肚子痛，或大吐大泻，于是他们的目光，又都射到我的身上了，又要提我到实验室审问去了。那胡子的门徒又在作法了，号称天堂的肚肠，也不是我的安乐窝了。哎！我真晦气！

---

① 亦称"厌氧菌"。

肠腔里的会议

崎岖的食道，纷乱的肠腔，

我饱尝了"糖类"和"蛋白质"的滋味。

我看着我的孩子们，一群又一群，

齐来到幽门之内，开了一个盛大的会议，

有的鼓起芽孢，有的舞着鞭毛，

尽情地欢宴，

尽量地欢宴。

天晓得，乐极悲来，好事多磨，

突然伸来科学先生的怪手，

我又被囚入玻璃小塔了；

无情之火烧，毒辣之汁浇，

我的菌众一一都遭难了。

烧就烧，浇就浇，我是始终不屈服！

他的手段高，我的菌众多，我是永远不屈服！

这肠腔里的会议是值得纪念的。

这肠腔里的"菌才"是济济一堂的。

从寂寞婴儿的肠腔，变成热闹成人的肠腔，我的孩子们，先先后后来到此间的一共有八大群，我现在一群一群地来介绍一下吧。

俨然以大肠的主人翁自居的"大肠杆菌"；酸溜溜从乳峰之口奔下来

的"乳酸杆菌";以不要现成的氧气为生存条件的"厌氧杆菌";这三群孩子我在前一章已经提出,这里不再啰唆了。其他的五大群呢?其他的五大群也曾在肠腔里兴旺过一时。

第四群,是"链球儿"那一房所出的,它的身子是那样圆圆的小球儿似的,有时成串,有时成双,有时单独出现。科学先生看见它,吃了一惊,后来知道它在肚子里并不作怪,就给它起了一个绰号,叫作"吃屎链球菌"①。链球菌这三个字多么威风!这是承认它是肺港之役曾出过风头的"吃血链球菌"的小兄弟了。而今乃冠之以吃屎,是笑它的不中用,只配吃屎了。我这群可怜的孩子,是被科学先生所侮辱了。然而这倒可以反映出它在肠腔里的地位呢!

(笔记先生按:最近国民政府有一位姓朱的大将军,据说因为打补血针的时候不当心,血液中毒,得了败血症死了。那闯进他的血管里面,屠杀他的血球的凶手,就是那著名的吃血链球菌呀!而那吸血的"链球菌",它也曾被吞到肚子里去过,不过,肚子里的环境是不容许它有什么暴动的,所以在肚子里它反不如它的小兄弟——吃屎链球菌那样活跃。这在菌儿它是不好意思直说出来的啊。)

第五群,是"化腐杆儿"那一房所出的,它的小棒儿似的身体,蛮像"大肠杆菌",不过,它有时变为粗短,有时变为细长,因此科学先生称它作"变形杆菌"。它浑身都是鞭毛,因此它的行动极其迅速、活泼。它好在阴沟粪土里盘桓,一切不干净的空气,不漂亮的水,常有它的踪迹。它爱吃的尽是些腐肉烂尸及一切腐败的蛋白质,它真是腐体寄生物中的小霸王。在哪儿发现它,哪儿便有臭腐的嫌疑。它闻到了这肠腔里臭味冲天,料到这儿有不少腐烂的蛋白质堆积着,因此它就混在剩余的肉汤菜渣里滚进来了。

在肠腔里,它虽能安静地干它化解腐物的工作,但它所化解出来的东

---

① 即粪链球菌。

西，往往含有一点儿毒质，而使肠膜的细胞感到不安。科学先生怀疑它和胃肠炎的案件有关，因此它就屡次被捕了。如今这案件还在争讼不已，真是我这孩子的不幸。

第六群，是"芽孢杆儿"那一房所出的，它也是小棒儿似的样子，它的头上却长出一颗坚实的芽孢。它很有耐性，行动飞快。它的地盘也很大，乡村的土壤和城市的空气中，都寻得着它。它爱喝的是咸水，爱吃的是枯草烂叶。它也是有名的腐体寄生物，不过它的寄生多数都是植物的后身，因此科学先生称它作"枯草杆菌"。它大概是闻知了这肠腔里有青菜萝卜的气味，就紧抱着它的芽孢，而飘来这里借宿了。有那样坚实的芽孢，胃汁很难浸死它，它这一群冲进幽门的着实不少。

在新鲜的粪汁里，科学先生常发现一大堆它的芽孢。它又常到实验室里去偷吃玻璃小塔中的食粮，因此实验室里的掌柜们都十分讨厌它。但因为它毕竟是和平柔顺的分子，在大人先生的肚子里并没有闹过乱子，科学先生待它也特别宽容，不常加以逮捕。这真是这吃素的孩子的大幸。

第七群，是"螺旋儿"那一房所出的，它的态度有点儿不明，而使科学先生狐疑不定。它一被科学先生捉了去，就坚决地绝食以反抗，所以那玻璃小塔里，是很难养活它的。后来还亏东方木屐国有一位什么博士，用活肉活血来请它吃，它的真相乃得以大明。它像螺丝钉一般的身体，弯了一弯又一弯，真是在高等动物的温暖而肥美的血肉里娇养惯了，一旦被人家拖出来，才那样难养。大概我的孩子们过惯了人体舒适的生活的，都有这样古怪的脾气，而这脾气在螺旋儿这一群，是显得格外厉害的了。

虽然，我这螺旋儿，有时候因为寻不着适当的人体公寓，暂在昆虫小客栈里借宿，以昆虫为"中间宿主"。在形态上，在性格上本来已经有"原动物"的嫌疑的它，更有什么中间宿主这秘密的勾当，愈加使科学先生不肯相信它是我菌儿的后裔了。于是就有人居间调停了，叫它作"螺旋体"，说它是生物界的中立派，跨在动植物两界之间吧。这些都是科学先生的事，我何必去管。

我只晓得，它和我的其他各群孩子们过从很密。在口腔里，在牙龈上，在舌底下，我们都时常会见。在肠腔里，我们也都在一块儿住，一块儿吃，它也服服帖帖的，并不出奇生事。要等它溜进血川血河里，这才大显其身手，它原是血水的强盗。不过它还有一所秘密的巢窝，是人间所讳言的神秘之窟。其实，那有什么了不起呢？我一生成功的秘诀，就在生殖得快而且多呀！正因为人类的生殖器，多为庄严的礼教所软禁，迫得愚夫愚妇铤而走险，这才闹出花柳病的案子、花柳病的乱子了。于是人类生殖器便成为这螺旋儿的势力区了，不然，它也只好平心静气地伏在肠腔里养老呀。

　　第八群，是"酵儿"和"霉儿"。它们并不是我自己的孩子，而是我的大房二房兄弟所出的，算起来还是我的侄儿哩。它们都是制酒发酵的专家。不过它们也时常到人类肚子里来游历，所以在这肠腔里集会的时候，它也列席了。

　　那酵儿在我族里算是较大的个子，它那像小山芋似的胖胖的身体是很容易被认出的。它的老家是土壤，它常伏在马蜂、蜜蜂之类的昆虫的脚下飞游，有时被这些昆虫带到了葡萄之类的果皮上。它就在那儿繁殖起来，那葡萄就会变酸了，它也就是从这酸葡萄酸茶之类的食物滚进人山的口洞里来了。酒桶里没有它，酒就造不成，中国的古人早就知道了，不过看不出它是活生生的生物罢了。它的种类也很多，所造出来的酒也各不相同。法国的酒商曾为这事情闹到了胡子科学先生的面前。

　　那霉儿，它的身子像游丝似的，几个十几个细胞连在一起。它是无所不吃的生物，它的生殖力又极强，气候的寒热干湿它都能忍耐过去，尤其是在四五月之间毛毛雨的天气里，它最盛行了。因此它的地盘之大，我们的菌众都比不上它。它有强烈的酵素，它所到的地方，一切有机体的内部都会起变化，人类的衣服、家具、食品等的东西是被它毁损了。然而它的发酵作用并不完全有害，人类有许多工业都靠着它来维持哩。

　　关于这两群孩子的事实还很多，将来也要请笔记先生替它立传，我这里不过附带声明一声罢了。

　　以上所说的八大群的菌众，先后都赶到大肠里集会了。

　　"乳酸杆儿"是吃糖产酸那一房的代表。

　　"大肠杆儿"是在肠子里淘气的那一房的代表。

　　"厌氧杆儿"是讨厌氧气那一房的代表。

　　"吃屎链球儿"是球族那一房的代表。

　　"变形杆儿"是吃死肉那一房的代表。

　　"芽孢杆儿"是吃枯草烂叶那一房的代表。

　　"螺旋儿"是螺旋那一房的代表。

　　"酵儿"和"霉儿"是发酵造酒那两房的代表。

　　这八群虽然不足以代表大肠的全体菌众，但是它们是大肠里最活跃最显著最有势力的分子了。

在以前几章的自传里，我并没有谈到我自己的形态，在本章里我也只略略地提出。那是因为你们没有福气看到显微镜的大众，总没有机会会见我，我就是描写得非常精细，你们的脑袋里也不会得到深刻的印象。在这里，你们只需记得我的三种外表的轮廓就得了，也就是球形、杆形和螺旋形三种。

还有芽孢、荚膜、鞭毛也是我身上的特点，这里我也不必详细去谈它。

然而，我认为你们应当格外注意的，就是我在大肠里面是怎样的吃法，这和你们的身体有利害关系。

我这八群的孩子，它们的食癖，总说起来可分为两大党派：一派是吃糖，糖就是碳水化合物的代表；一派是吃肉，肉是蛋白质的代表。

它们吃了糖就会使那糖发酵变酸。

它们吃了肉就会使那肉化腐变臭。

这酸与臭就是我的生理化学上的两大作用呀。

然而大肠里蛋白质与碳水化合物的分布是极不平均的。和尚尼姑的大肠里大约是糖多，阔佬富翁的大肠里大约是肉多。

糖多，我的爱吃糖的孩子们，如乳酸杆儿之群，就可以勃兴了。

肉多，我的爱吃肉的孩子们，如变形杆儿之群，就可以繁盛了。

乳酸杆儿勃兴的时候，是对你们大人先生的健康有益的，因为它吃了糖就会产出大量的酸。在酸汁浸润的肠腔里，吃肉的菌众是永远不会得志的，而且就是我那一群淘气的野孩子们，偶尔闯进来，也会立刻被酸所扫灭了。所以在乳酸杆儿极度繁荣的肠腔里，人山上是不会发生伤寒病之类的乱子。所以今天的科学医生常利用它来治疗伤寒。

伤寒的确是你们的极可怕的一种肠胃传染病，是我的一群凶恶的野孩子在作祟。这野孩子就是大肠杆儿那一房所出的。在烂鱼烂肉那些腐败的蛋白质的环境里，它就极容易发作起来。害人得痢疾的野孩子也是这一房所出的。害人得急性胃肠病的也是这一房所出的。它们都希望有大量的肉渣鱼屑，从胃的幽门运进来。还有霍乱那极淘气的孩子，也是这样的脾气。霍乱、痢疾、伤寒这三个难兄难弟和你们中国人是很有来往的，我不高兴去多谈它了。

就是这些野孩子不在肠腔里的时候，如果肠腔里的蛋白质堆积得过多，别的菌众也会因吃得过火，而使那些蛋白质化解成为毒质。

专会化解蛋白质成为毒质的，要算是著名的"腊肠毒杆儿"了，这杆儿是我的厌气那一房孩子所出的。这些厌气的孩子们，身上也都带着坚实的芽孢，既不怕热力的攻击，又不怕酸汁的浸润，很容易就给它溜进肠腔里来了。

那八大群的菌众是肠腔会议中经常出席的，这些淘气的野孩子们是偶尔进来列席旁听的。我们所讨论的议案是什么？那是要严守秘密的啊！

不幸这些秘密都被胡子科学先生的徒子徒孙们一点一点地查出来了。

于是这八大群的孩子们，淘气的野孩子们以及其他的菌众一个个都银铛入狱，被拘留在玻璃小塔里面了。

科学先生这是要研究出对付我们的圆满的办法啊。

清除腐物

真想不到，我现在竟在这里，受实验室的活罪。

科学的刑具架在我的身上，

显微镜的怪光照得我浑身通亮；

蒸锅里的热气烫得我发昏，

毒辣的药汁使我的细胞起了溃伤；

亮晶晶的玻璃小塔里虽有新鲜的食粮，

那终究要变成我生命的屠宰场。

从冰箱到暖室，从暖室又被送进冰箱，

三天一审，五天一问，

侦查出我在外界怎样活动，

揭发了我在人间行凶的真相。

于是科学先生指天画地地公布我的罪状，

口口声声大骂我这微生物太荒唐，

自私的人类，都在诅咒我的灭亡，

一提起我的怪名，

他们不是怨天，就是"尤人"（这人是指我）！

怨天就是说："天既生人，为什么又生出这鬼鬼祟祟的细菌，暗地里在谋害人命？"

"尤人"就说："细菌这可恶的小东西，和我们势不两立，恨不得将天下的细菌一网打尽！"

这些近视眼的科学先生，和盲目的人类大众，都以为我的生存是专跟他们作对似的，其实我哪里有这等疯狂。

他们抽出片断的事实，抹杀了我全部的本相。

我真有冤难申，我微弱的呼声打不进大人先生的耳门。

现在亏了有这位笔记先生，自愿替我立传，我乃得向全世界的人民将我的苦衷宣扬。

我菌儿真的和人类势不两立吗？这一问未免使我的小胞心有点儿心酸！

天哪！我哪里有这样的狠心肠，人类对我竟生出这样严重的恶感。

在生存竞争的过程中，哪个生物没有越轨的举动？人类不也在宰鸡杀羊，折花砍木，残杀了无数动物的生命，伤害了无数植物的健康。而今那些传染病暴发的事件，也不过是我那一群号称"毒菌"的野孩子们，偶尔为着争食而突起的暴动罢了。

正和人群中之有帝国主义者，兽群中之有猛虎毒蛇类似，我菌群中也有了这狠毒的病菌。它们都是横暴的侵略者，残酷的杀戮者，阴险的集体安全的破坏者，真是丢尽了生物界的面子，闹得地球不太平。

我那一群野孩子们粗暴的行为虽时常使人类陷入深沉的苦痛，但这毕竟是我族中少数不良分子的丑行，败坏了我的名声。老实说这并不完全是我的罪过啊！我菌众并不都是这么凶呀！

我那长年流落的生活，踏遍了现在世界一切污浊的地方，在臭秽中求生存，在潮湿处传子孙，与卑贱下流的东西为伍，忍受着那冬天的冰雪，被困于那燥热的太阳，无非是要执行我在宇宙间的神圣职务。

我本是土壤里的劳动者，大地上的"清道夫"，我除污秽，解固体，变废物为有用。

有人说我也就是废物的一分子，那真是他的大错，他对于事实的蒙昧了。

我飞来飘去，虽常和腐肉烂尸枯草朽木之类混居杂处，但我并不同流合污，不做废物的傀儡，而是它们的主宰，我是负有清除它们的使命啊！

　　喂！自命不凡的人类啊！不要藐视我这低级的使命吧！这世界是集体经营的世界，不是上帝或任何独裁者所能一手包办的。地球的繁荣是靠着我们全体生物界的努力，我们无贵无贱的都要共同合作啊！

　　在生物界的分工合作中，我菌儿微弱的单细胞所尽的薄力，虽只有看不见的一点一滴，然而我集合无限量的菌众，发挥伟大的团结力量，也能移山倒海，也能呼风唤雨呀！

> 我移的是土壤之山，
> 我倒的是废物之海，
> 我呼的是酵素之风，
> 我唤的是氮气之雨。

我悄悄地伏在土壤里工作，已经历过数不清的年头了。我化解了废物，充实了土壤的内容，植物不断地向它榨取原料，而它仍能源源地供给不竭，这还不是我的功绩吗？

我怎样化解废物呢？

我有发酵的本领，我有分解蛋白质的技能，我又有溶解脂肪的特长。

在自然界的演变途中，旧的在不断毁灭，新的不断地从毁灭的余烬中诞生。我的命运也是这样。我的细胞不断地在毁灭与产生，我是需要向环境索取原料的。这些原料大都是别人家细胞的尸体。人家的细胞虽死，它内容的滋养成分不灭，我深明这一点。但我不能将那死气沉沉的内容，不折不扣地照原样全盘收纳进去。我必须将它的顽固的内容拆散，像拆散一座破旧的高楼，用那残砖断瓦，破栋旧梁，重新改建好几所平房似的。

因此，我在自然界里面，有一大部分的职务，便是整天整夜地坐在生物的尸身上，干那拆散旧细胞的工作。虽然有时我的孩子们因吃得过火，连那附近的活生生的细胞都侵犯了。这是它们的唐突，这也许就是我菌儿所以开罪于人类的原因吧！

那些已死去的生物的细胞，多少总还含点儿蛋白质、糖类、脂肪、水、无机盐和活力素[①]六种成分吧。这六种成分，我的小小而孤单的细胞里面，也都需要着，一种也不能缺少。

---

① 即维生素。

这六种中间，以水和活力素最容易消失，也最容易吸收，其次就是无机盐，它的分量本来就不多，也不难穿过我的细胞膜。只有那些结构复杂而又坚实的蛋白质、糖类和脂肪等，我才费尽了力气，将它们一点一点地软化下去，一丝一丝地分解出来，变成了简单的物体，然后才能引渡它们过来，作为我新细胞建设与发展的材料。

是蛋白质吧，它的名目很多，性质各异，我就统统要使它一步一步地返本归元，最后都化成了氨、一氧化氮、硝酸盐、氮、硫化氢、甲烷，乃至于二氧化碳及水，如此之类最简单的化学品了。

这种工作，有个专门名词，叫作"化腐作用"，把已经没有生命的腐败的蛋白质，化解走了。这时候往往有一阵怪难闻的气味，冲进旁观的人的鼻孔里去。

于是那旁观的人就说："这东西臭了，坏了！"

那正是我化解腐物的工作最有成绩的时刻啊！担任这种工作的主角，都是我那一群"厌气"的孩子们。它们无须氧的帮忙，就在黑暗潮湿的角落里，腐物堆积的地方，大肆活动起来！

是糖类吧，它的式样也有种种，结构也各不同，从生硬的纤维素，顽固的淀粉到较为轻松的乳糖、葡萄糖之类，我也得按部就班地逐渐把它们解放了，变成了酪酸、乳酸、醋酸、蚁酸、二氧化碳及水之类的起码货色了。

是脂肪吧，我就得把它化成甘油和脂酸之类的初级分子了。

蛋白质、糖类和脂肪，这许多复杂的有机物，都是以碳为中心。碳在这里实在是各种化学元素大团结的枢纽。我现在要打散这个大团结，使各元素从碳的连锁中解放出来，重新组织适合于我细胞所需要的小型有机物，这种分解的工作，能使地球上一切腐败的东西，都现出原形，归还了土壤，使土壤的原料无缺。

我生生世世，子子孙孙，都在这方面不断努力着，我所得的酬劳，也只是延续了我种我族的生命而已。而今，我的野孩子们不幸有越轨的举动，竟招惹人类永久的仇恨，我真抱憾无穷了。

然而有人又要非难我了，说："腐物的化解，也许是'氧化'作用吧！你这小东西连一粒灰尘都抬不起，有什么能力，用什么工具，竟敢冒称这大地上清除腐物的成绩都是你的功劳呢？"这问题19世纪的科学先生曾闹过一番热烈的论战。

在这里最能了解我的，还是那我素来所憎恨的胡子先生。他花了许多年的工夫，埋头苦干地在试验，结果他完全证实了发酵和化腐的过程，并不是什么氧化作用。没有我这一群微生物在活动，发酵是永远发不成功的。

我有什么特殊的能力呢？

我的细胞里面有一件微妙的法宝。

这法宝，科学先生叫它作"酵素"，中文的译名有时又叫作"酶"，大约这东西总有点儿酒或醋的气息吧！

这法宝，研究生理化学的人，早就知道它的存在了。可惜他们只看出它的活动的影响，看不清它的内容的结构，我的纯粹酵素人们始终不能把它分离出来。因此多疑的科学先生又说它有两种了：一种是有生机的酵素，一种是无生机的酵素。

那无生机的酵素，是指"蛋白酶""淀粉酶"之类那些高等动植物身上所有的分泌物。它们无须活细胞在旁监视，也能促进化解腐物的工作。因此科学先生就认为它们是没有生机的酵素了。

那有生机的酵素，就是指我的细胞里面所存的这微妙的法宝。在酒桶里，在醋瓮里，在腌菜的锅子里，胡子的门徒们观察了我的工作成绩，以为这是我的新陈代谢的作用，以为我这发酵的功能是我细胞全部活动的结果，因而以为我菌儿的本身就是一种有生机的酵素了。

我在生理化学的实验室里听到了这些理论，心里怪难受的。

酵素就是酵素，有什么有生的和无生的可分呢。我的酵素也可以从我的细胞内部榨取出来，那榨取出来的东西，和其他动植物体内的酵素原是一类的东西。酵素总是细胞的产物吧。虽是细胞的产物，它却都能离开细胞而自由活动。它的行为有点儿像化学界的媒婆，它的光顾能促成各种化学分子加速结合或分离，而它自己的内容并不起什么变化。

在化学反应的过程中，这酵素永远是站在第三者的地位，保持着自己的本来面目。然而它却不守中立，没有它的参加，化学物质各分子间的关系，不会那样紧张，不会引起很快的突变，它算是有激动化学的变化之功了。

没有酵素在活动，全生物界的进展就要停滞了。尤其是苦了我！它是我随身的法宝。失去它，我的一切工作都不能进行了。

虽然，我也只觉着它有这神妙的作用。我有了它，就像人类有了双手和大脑，任何艰苦的生活，都可以积极地去克服。有了它，蛋白质碰到我就要松，糖类碰到我就要分散，脂肪碰到我就要溶解，都成为很简单的化学品了。有了它，我又能将这些简单的化学品综合起来，成为我自己的胞浆，完成了我的新陈代谢工作，实践了我清除腐物的使命。

酵素的能力虽大，它的活动却也受了环境的限制。环境中有种种势力都足以阻挠它的工作，甚至于破坏它的完整。

环境的温度就是一种主要的势力。在低温度里，它的工作甚为迟缓，温度一高过70℃，它就很快地感受到威胁而停顿了。由35℃到50℃之间，是它最活跃的时候。虽然，我有一种分解蛋白质的酵素，能短期地经过沸点热力的攻击而不灭，那是酵素中最顽强的一员了。

此外，我的酵素也怕阳光的照耀，尤其怕阳光中的紫外线，也怕电流的振荡，也怕强酸的浸润，也怕汞、镍、钴、锌、银、金之类的重金属的盐的侵害，也怕……

我不厌其烦地叙述酵素的情形，因为它是生物界的一大特色，是消化与抵抗作用的武器，是细胞生命的靠山，尤其是我清除腐物的巧妙的工具。

我的一呼一吸一吞一吐，

都靠着那在活动的酵毒，

那永远不可磨灭的酵素。

然而，在人类的眼中，它又有反动的嫌疑了。

那溶化病人的血球的溶血素，不也是一种酵素吗？

那麻木人类神经的毒素，不也是酵素的产物吗？

这固然是酵素的变相，我那一群野孩子是吃得过火，

请莫过于仇恨我，这不是我全体的罪过。

您不见我清除腐物的成绩吗？

我还有变更土壤的功业呢！

这地球的繁荣还少不了我，

我的灭绝将带给全生物界以难言的苦恼，

是绝望的苦恼！

土壤革命

土壤，广大的土壤，是我的祖国，是我的家乡，
我不知从什么时候起，就把生命隐藏在它的怀中，
我在那儿繁殖，我在那儿不停地工作，
那儿有我永久吃不尽的食粮。
有时我吃完了人兽的尸肉，就伴着那残余的枯骨长眠；
有时我沾湿了农夫的血汗，就舞起鞭毛在地面上游行。
在神农氏没有教老百姓耕种的时候，
我就已经伏在土中制造植物的食料。
有我在，荒芜的土地可变成富饶的田园；
失去我，满地的绿意，一转眼，都要满目凄凉。
蒙古的沙漠，一片枯黄，
就因为那儿，我没有立足的地方。
在有内容的泥土里，我不曾虚度一刻的时辰，
都为着植物的繁荣，为着自然界的复兴。
有时我随着沙尘而飞扬，叹身世的飘零；
有时我踏着落叶，乘着雨点而下沉；
有时我从肚肠溜出，混在粪中，颠沛流离；
经过曲曲折折的路途，也都回到土壤会齐。
我在地球上虽是行踪无定，
我在土壤里却负有变更土壤的使命。

变更土壤就是一种革命的工作，

是破坏和建设兼程并进的工作。

这革命的主力虽是我的活动，

也还有不少其他杂色的党员。

土壤，广大的土壤，原是微生物的王国，

并且，是微生物的联邦。

有小动物之邦，有小植物之邦。

在小动物之邦里，有我所痛恨的原虫，有我所讨厌的线虫，有我所望而生畏的昆虫。

在小植物之邦里，有我所不敢高攀的苔藓，有我所引为同志的酵霉，有我所情投意合的放线菌。

这些形形色色的分子，有些是反动，有些是前进。

看哪！那原虫，我在人山上旅行的时候，已经屡次碰见过了。在肚肠里，酿成一种痢疾的祸变的，不是变形虫的家属吗？在血液里，闹出黑热病①的乱子的，不是鞭毛虫的亲族吗？变形虫和鞭毛虫都是顶凶顶狠毒的原虫。它们和我的那一群不安分的野孩子的胡闹，似乎是连成一气的。

它们不但在谋害高贵的人命，连我微弱的胞体也要欺凌。我正在土壤里工作的时候，老远就望见它们了。那耀武扬威的伪足，那神气十足的粗毛，汹汹然而来，好不威风。只恨我，受了环境的限制，行动不自由，尽力爬了24小时，爬不到1厘米，哪里回避得及，就遭它们的毒手了。

这些可恶的原虫们所盘伏的地层，也就是我所盘伏的地层。在每一克重的土块里，它们的群众，有时多至100万以上，少的也有好几百，其中以鞭毛虫最占多数。它们的存在，给我族的生命以莫大的威胁。它们真是我的死对头。

---

① 即寄生虫病，病原体是利什曼原虫，由白蛉传染。

看哪！那线虫，也是一种阴险而凶恶的虫族，其中以吸血的钩虫尤为凶。它借土壤的潜伏所，不时向人类进攻。中国的农民受它的残害者，真不知有多少。它真是田间的大患。这本与我无关，我在这里提一声，免得你们又来错怪我土壤里的孩子们。

看哪！那些虫子，如蚯蚓蚂蚁之徒，是土壤联邦显要的居民。它们的块头颇大，面目狰狞，有些可怕，钻来钻去，骚扰地方，又有些讨厌。不过，它们所走过的区域，土壤为之松软，倒使我的工作顺利。我又有时吃腻了大动物的血肉，常拿它们的尸体来换换口味，也可以解解土中生活的闷气。

这些土壤里的小动物们的举动，在我们土壤革命者的眼中，要算是落后，而且有些反动的嫌疑。

土壤里小植物之邦的公民，就比较先进了。

虽然那苔藓之群，它们的群众密布在土壤的上层，它们有娇滴滴的胞体，绿油油的色素，能直接吸收太阳的光力，制造自己的食粮。然而它们对于土壤的革命，有什么贡献呢？恐怕也只是一种太平的点缀品，是土壤肥沃的表征吧。它们可以说是土壤国的少爷小姐，过着闲适的生活了。

土壤里真正的劳动者，算起来都是我的同宗。酵儿和霉儿就是那里面很活跃的两群。

酵儿在普通的土壤里还不多见，但在酸性的土壤里，在果园里，在葡萄园里，我常遇着它们。没有它们的工作，已经抛弃在地上的果皮花叶，一切果树的残余，怎么会化除完尽呢？

霉儿能过着极简单的生活，在各样各式的土壤里我都遇到它。它这一房所出的角色真不算少：最常见的，有"头状菌"，有"根足菌"，有"麹菌"，有"笔头菌"，有"念珠状菌"，这些怪名都是描写它们的形态。它们在土中，能分解蛋白质为氨，能拆散极坚固的纤维素。酸性的土壤，是我所不乐于居住的，它们居然也能在那儿蔓延，真是做到我所不能做的革命工作了。

和我的生活更接近的，要算是放线菌那族了。它们那柳丝似的胞体，一条条分枝，一枝枝散开。它们的祖先什么时候和我菌儿分家，变成现在的样子，如今是渺渺茫茫无从查考了。但在土壤里，它仍同我在一起过活，然而它的生存条件，似乎比我严格点儿，土壤深到了70厘米，它就渐渐无生望，终至于绝迹了。它在土壤最大的任务是分解纤维素，它似乎又有推动氧化其他有机物之功呢。

最后，我该谈到我自己了，我在土壤联邦里，虽是个子最小，年纪最轻，但我的种类却最繁，菌众却最多，革命的力量也最大。

我的菌众，差不多每一房每一系，都是在土壤里起家。所以在那儿，还有不少球儿、杆儿、螺儿的后代，也有不少硝菌、硫菌、铁菌的遗族。真是济济一堂。

我的菌众估计起来，每一克重的土块，竟有300万至2亿之多。虽然，这也要看入土的深浅，离开地面5厘米至20厘米之深，我的菌数最多。以后入土越深，我也就越稀少了。深过了1.2米，我也要绝迹。然而，在质地轻松的土壤里，我可以长驱直入达到3米以内，还有我的部队在垦殖哩。

有这么多的菌群，在那么大那么深的土壤盘踞着，繁殖着，无怪乎我声势的浩大，群力的雄厚，我的微生物同辈都赶不上了。

我们这一大群一大群土壤联邦的公民，大多数都是革命的工作者。

土壤革命的工作，需要彻底的破坏，也需要基本的建设，因而我们这些公民，又可分为两大派别。

第一派是"营养自给派"，是建设者之群。它们靠着自身的本事，有的能将无机的元素，如硫、氢之类，有的能将无机的化合物，如氨、二氧化氮、硫化氢之类，有的能将简单的碳化物，如一氧化碳、甲烷之类，都氧化起来，变成植物大众的食粮；又有的能直接吸收空气中的二氧化碳，以补充自己。

在建设工作进行中，这派所用的技术又分两种。有的用化学综合的技术，如硝菌、硫菌、氢菌、甲烷菌、铁菌等，我的这些出色的孩子们，就是这样一群技术能手。看它们的名称就可知道它们的行动了。

有的用光学综合的技术，那满身都是叶绿素的苔藓，就是这一类的技术能手。

然而，没有破坏者之群做它们的先驱，预备好土中的原料，它们也有绝食之忧啊。

第二派是"营养他给派"，那就是土壤的破坏者之群了。它们没有直接利用无机物的本领，只好将别人家现成的有机物，慢慢地侵蚀，慢慢地分解，变成了简单的食粮，一部分饱了自己的细胞，其余的都送还土壤了。

然而有时它们的破坏工作是有些过激了，连那活生生的细胞也要加害，这事情就弄糟了。生物界的纠纷，都是由此而兴，互相残杀的惨变层出不穷。我所痛恨的原虫就是这样残酷的一群。

至于我菌儿，虽也是这一派的中坚分子，但我和我的同志们（指酵儿、霉儿及放线菌等），所干的破坏工作，是有意识地破坏，是化解死物的破坏，是纯粹为了土壤的革命而破坏。

土壤的革命日夜不停地在酝酿着，我们也一刻没有休息过。然而这浩大无比的工程，是需要全体土壤公民的分工合作。破坏了而又建设，建设了而又破坏，究竟是谁先谁后，如今是千头万绪，分也分不清了。

总之，没有"营养他给派"的破坏，"营养自给派"也无从建设；没有"营养自给派"的建设，"营养他给派"也无所破坏。这两派里，都有我的菌众参加，我在生物界地位的重要性是绝对不可抹杀的事实。而今近视眼的科学先生和盲目的人类大众，若只因一时的气愤，为了我的那些少数不良分子的蛮动，而诅咒我的灭亡，那真是冤屈了我在土壤里的苦心经营。

经济关系

我正伏在土壤里面，日夜不停地做工，忽然望见一片乌云，遮住了中国古城的天空。顷刻间，狂风暴雨大作，冲来了一阵火药的气味，几乎使我的细胞窒息。我鼓起鞭毛东张西望，但见平津一带炮火连天，尸血满地！

这又将加重我清除腐物烂尸的负担。

这人类的自相残杀，本与我无干，我何必多嘴。

然而不幸的是，战事倘若延长下去，就有这样黑心眼的人想利用细菌战了。这几年来，细菌战的声浪，不是也随着大战的呼声而高扬吗？

奇异而又不足奇异的是细菌战。那是说，他们要请出我那一群蛮狠凶顽的野孩子，人们所痛恨的病菌，来助战了，使我菌儿也卷入战争的漩涡了。这如何不引起我的特别注意呀！

本来，我的野孩子们平日都在和人作战。战争一发，更给了它们攻人的机会。它们自然就会闻风赶到了。

我想到这里，不禁打了一个寒噤，我的荚膜和鞭毛都战战栗栗抖动起来了。

将来战事一旦结束，人类触目伤心，能不怪我的无情吗？在平时，我本有传染病的罪名，在战时，我又加上帮凶的暴行呀！他们要更加痛恨我了。

呵呵！我的这些孩子们，真是害群之马，由于它们的猖獗，使人类大众莫不谈"菌"色变，使许多人犹认为"细菌"二字是多么不祥而可怕的名词。这真是我菌儿的大耻啊。

　　老实说，我的大部分群众，不像资本家，靠着榨取而生存；不像帝国主义者，靠着侵略而生存；不像病菌，靠着传染病而生存。我的大部分群众都是善良的细菌，生物界最忠实的劳动者，靠着自身劳动所得而生存。

　　我在土壤革命的过程中，经常担任了几个部门最重要的工作。这在前章已经讲过了。

　　在土壤里，我不但会分解腐物以充实土壤的内容，我还会直接和豆科之类的植物合作。

　　在豆根的尖头，我轻轻地爬上它弯弯的根须，我爬进了豆根的内质，

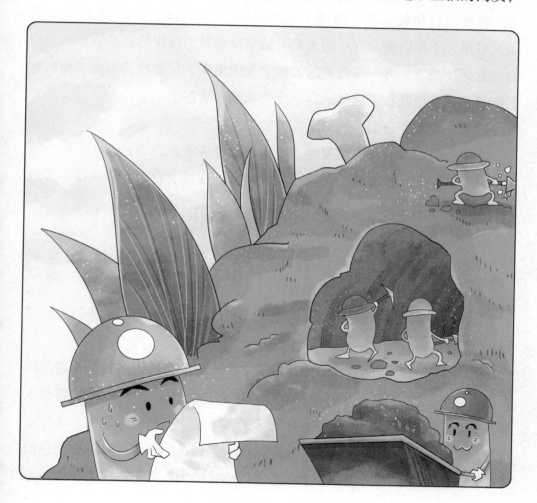

飞快地繁殖起来，由内层蔓延到外层，使豆根肿胀了，长出一粒一粒的瘤子。这就是"豆根瘤"的现象。

就这样，我和豆根的细胞取得密切联络，实行同居了。隐藏在豆根瘤里面的我的群众，都是技术能手。它们都会吸收空气中的氮，把它变成了硝酸盐，送给豆细胞，作为营养的礼物，同时也接收了豆细胞送给它们的赠品，大量的糖类。

这真是生物界共存共荣的好榜样，没有一丝儿侵略者的虚伪的气息。

种植豆科植物，可以增进土壤的肥沃，中国古代的农民老早就知道了。可惜几千年以来，吃豆的人们，始终没有看见过我的活动。

直到1888年，有一位荷兰国的科学先生出来，仗义执言，由于他研究的结果，这才把我在土壤里的这个特殊功绩，表扬了一下。

这是在农业经济上，我对于人类的贡献。

在工业方面，我和人类发生了更密切的经济关系。

人类的工业，最重要的莫过于衣食两项，在这衣食两项，我都尽了最大的努力，努力生产。

我原是自然界最伟大的生产力。

宇宙是我的地基，地球是我的厂屋，酵素是我唯一神妙的机器。一切无机和有机的物体都是我的好原料。

我的菌众都在共同劳动，共同生产，所造出的东西也都涓滴归公，成为生物界的共有物了。

从酒说起吧，酒就是我的劳动果实之一。我的亲属们多数都是造酒的天才，尤其是酵儿和霉儿那两房。米麦之类的糖类，各式各样的糖和水果，一经它们的光顾，就都带点儿酒味了。不过，有的酒味之中，还带点儿酸，带点儿苦，或带点儿臭。这显然表示，在自然界中，有不少杂色的劳动分子，在参加酒的生产。这些造酒的小技师们，各有不同的个性，不同的酵素，它们所受用的原料，又多不同，因而天下的酒，那气味的复杂，也就很可观了。

这是酒在自然界中的现象。

天晓得，传说中，是在大禹时代吧，就有了这么一位聪明的古人，叫作仪狄的，偶尔尝到了一种似乎是酒的味道，觉着香甜可口，就想出法子，自己动手来造了，从此中国人就都有了酒喝。

西方的国家，也有他们造酒的故事。

于是，什么葡萄酒呀，啤酒呀，白兰地呀，连同绍兴老酒，五加皮等都算在一起，酒的花样真是越来越多了。

酒也是随着生产手段的变化而变化的吧！然而在这生产手段中，我却不能缺席。

在自然界，酒是我的手工业，我的自由职业，我是造酒的生产力。

在人类的掌握中，酒是我的强迫职务，我成为造酒的奴隶，造酒的机器了。

奇异而又不足为奇的是，人类造酒的历史已经有几千年了。他们也从不知道有我在活动。

这黑幕终于是揭穿了，那又是胡子科学先生的功劳。他在显微镜上早已侦察好我的行踪了。

有一回，他特制了几十瓶香甜的糖汁果液，打开玻璃小塔之门，招请我入内欢宴，结果我所到过的地方，一瓶一瓶都有了酒意。

于是他就点头微笑着说：

"乖乖，微生物这小子果然好本领，发酵的工程，都是由它一手包办成功的呀！"

话音未落，他就被法国的酒商请去，看看他们的酒桶里出了什么毛病，这么好好的酒，全变成酸溜溜的了。

胡子先生细细地视察了一番，就作了一篇书面的报告。大意是说：

"纯净的酒，应该请纯净的酿母菌来制造。酒桶的监督要严密，不可放乳酸杆菌，或其他不相干的细菌混进去捣乱。"

"乳酸杆菌是制造乳酸的专家，绝不是造酒的角色。你们的酒桶就是这样被它弄得一塌糊涂了，这是你们这次造酒失败的大原因……用非其才。"

他所说的酿母菌，指的就是我那酵儿。

我那酵儿，小山芋似的身子，直径不到5微米（微米是千分之一毫米），体重只有9.8175×10^{-6}毫克。然而算起来，它还是我族里的大胖子。

然而胡子先生只知其一，不知其二。那大胖子并不是发酵唯一的能手，我族中还有长瘦子，也会造出顶美味的酒。这长瘦子便是指我的霉儿。

它身着有色的胞衣，平时都爱在潮湿的空气中游荡，到处偷吃食品，捣毁物件，是破坏者的身份，又怎么知道它也会生产，也会和人类发生经济关系呢？

这就要去问台湾人了。

原来霉儿那一房所出的子孙很多很复杂。有一个孩子，叫作"黑麹菌"的，不知怎的竟被台湾人拉去参加制酒的劳动了。现今的台湾酒，大半都是由它所造出的。

这一房里，还有一个孩子，叫作"黄绿色麹菌"的，也曾被中国、日本和南洋群岛等处的酒商，聘去做发酵的工程师。不过它所担任的，是初步的工作，是从淀粉变成糖的工作。由糖再变成酒的工作，他们又另请酵儿去担任了。

我的菌众当中，有发酵本领的，当然不止这几个，有许多还等着科学先生去访问呢。这里恕我不一一介绍了。

酒固然是发酵工业中的主要的生产品，但甘油在这战争的时代，也要大出风头了。

甘油，它原是制造炸药的原料。请一请酵儿去吃碱性的糖汁，尤其是在那汁里掺进了40%的"亚硫酸钠"，它痛饮一番之后，就会造出大量的甘油和酒来了。

不过，还有面包。西洋的面包等于中国的馒头包子，都是大众的粮食。它们也须经过一番发酵的手续。它们不也是我的劳动果实吗？

可怜我那有功无罪的酵儿们，在面包制成的当儿就被人们用不断高升的热力所蒸杀了。面包店的主人，要一方面提防酵儿吃得过火，一方面又担心野菌的侵入，所以索性先下手为强，以保护面包领土的完整。

有时面包热得并不透心，这时候我的野孩子里面有个叫作"马铃薯杆菌"的，它的芽孢早已从空气中移驻到面包的心窝了，就乘机暴动起来，于是面包就变成胶胶黏黏的，有酸味不中吃的东西了。

在人类的餐桌上除了面包和酒以外，还有牛奶、豆腐、酱油、腌菜之类的食品，也都须靠着我的劳动才能制造成功。

牛奶，不是牛的奶吗？怎么也靠着我来制造呢？

我指的是一种特别的牛奶——酸牛奶。这东西中国人很少吃，而欧美人士却当它是比普通牛奶还好的滋补品，是有益于肠胃消化的卫生食品。

酸牛奶的酸是有意识的酸，是含有抗敌作用的酸。酸牛奶一落到人们的肚子里，我的野孩子们就不敢在那儿逞凶了。

奇异而又不足为奇的是，制造酸牛奶的劳动者，就是造酒商人所痛恨的"乳酸杆菌"呀！

呵呵！我的乳酸杆菌，在牛奶瓶中，却大受人们欢迎了。

不但在牛奶瓶中有如此盛况，在制造奶油和奶酪的工厂中，它也到处都受厂方的特别优待。这都因为它是专家，它有精良的技术，奶油、奶酪、酸牛奶等，都是它对人类的重大贡献。

据说，美国的腌菜所用的乳酸，也是这乳酸杆儿的作品。不过，他们在乳酸之外，有时又掺进了一些醋酸、酪酸，及其他有香味的酸。

这些淡淡浓浓的酸，我也都会制造。法国有一位著名的女化学家，就曾请我到她的实验室里表演造酸的技术。结果，我那个黑色的麹儿表演的成绩最佳，它造成了大量的草酸和柠檬酸。现在市场上所销售的柠檬酸，一大部分都是它的作品。

豆腐、酱油之类的豆制食物，是我的黄绿色麴儿的产品。这是因为它有化解豆蛋白质的能力。

在爪哇①，豆制食品也很兴盛，他们专请了另一位小技师，那是我的棕色麴儿。我又有几个孩子，被美国人请去帮他们制造美味的冻膏了。

总之，在吃的方面，我和人类的经济关系，将来的发展是未可限量的。

不过在许多地方，人类却都提心吊胆的，谨防我来侵犯他们的食品。这是因为我那些野孩子的暴行带给他们的恶劣印象，也太深刻了。

穿的方面呢？人类也尽量利用了我的劳力。浸麻和制革的工业就是两个显著的例子。

在这儿，我的另一班有专门技术的孩子们，就被工厂里的人请去担任要职了。

浸麻，人类在古埃及时代就发明了浸麻的法子了，老早就雇用了我做包工。可是，像造酒一样，他们当初并没有看出我的形迹来。

浸麻的原料是亚麻。亚麻是顶结实的一种植物组织，是衣服的上等材料。它的外层，有顽固而有黏胶性的纤维包围着。

浸麻的手续就是要除去这纤维。这纤维的消除又非我不行。我的孩子们有化解纤维素的才能的也不多见。这可见化解纤维素的本事，真是难能可贵了。

这秘密，直到20世纪的初期，才有人发觉。从此浸麻的工业者，就大体注意我这有特殊技能的孩子的活动了。于是就力图改善它的待遇，在浸麻的过程中，严禁野菌和它争食，也不让它自己吃得过火，才不至于连亚麻组织的本身也吃坏了。

在制革的工厂里面，我的工作尤为紧张。在剥光兽毛的石灰水里，在充满腥气的暗室中，在五光十色的鞣酸里，到处都需要我的孩子们的合

① 其境主要在今印度尼西亚爪哇岛一带。

作。兽皮之所以能化刚为柔而不至于臭腐，我实有大功。

不过，在这儿，也和浸麻一样，不能让我吃得过火，万一连兽皮的蛋白质都嚼烂了，那就前功尽弃了。

土壤革命补助了农村经济；衣食生产有功于人类的工业。这样看来，我不但是生物界的柱石，我还是人类的靠山，干脆点儿说：人类靠我生存。

我并不是大言不惭。

你瞧！那滚滚而来，臭气冲天的粪污，都变成田间丰美的肥料了。这还不是我的力量吗？没有我的劳动，粪便的处置，人类简直是束手无策。

由此可见，我和人类，并非绝对的对立，并无永久的仇怨！

那对立，那仇怨，也只是我那些少数的淘气的野孩子们的妄举蛮动。

观乎我和人类层层叠叠的经济关系，也可以了解我们这一小一大的生物间仍有合作的可能啊！

不过人类往往以特殊自居，不肯以平等相待。自从实验室里燃起无情之火，我做了玻璃之塔中的俘虏，我的行动被监视，我的生产被占有，从此我的统治权属于那胡子科学先生的党徒了。我这自然界中最自由的自由职业者，如今也不自由了，还有什么话可说！

细菌战

细菌战，指在战争中通过施放细菌来毒害对方。早在第一次世界大战期间，德国军队就曾用鼻疽和炭疽杆菌作为细菌武器攻击协约国军队。第二次世界大战期间，臭名昭著的日本"731部队"在中国建立细菌战实验室，以活人实验，并用飞机在中国多地投放鼠疫杆菌等生物战剂，造成大量人员发病死亡。1971年联合国大会通过《禁止生物武器公约》，对细菌战起到一定程度的抑制作用。

科学小品：细菌与人

细菌的衣食住行

衣食住行是人生的四件大事，一件都不能缺少。不但人类如此，就是其他生物也何曾能缺少一件，不过没有人类这样讲究罢了。

细菌是极微极小的生物，是生物中的小宝宝。这位小宝宝穿的是什么？吃的是什么？住在哪里？怎样行动？我们倒要见识一下。

好呀，请细菌出来给我们看一看呀！

不行，细菌是肉眼看不见的东西，它比我们的眼珠小了2万倍呢。幸亏260年前荷兰有一位看门老头子叫作列文虎克的先生发现了它。列文虎克先生一生的嗜好就是磨镜头，在他屋子里存着好几百架自制的显微镜，他天天在镜头下观察各种微小东西的形状。有一天他研究自己的齿垢，忽然看见好些微小的生物在唾液中游来游去，好像鱼在大海中游泳一般。这些微小的生物就是我们现在所要介绍的细菌。自从细菌被发现以后，经过许多科学家辛辛苦苦的研究，现在我们已渐渐知道它的私生活的情况了，但是大众对于细菌不过偶尔听闻而已，很少有见面的机会，至于它的衣食住行就更莫名其妙了。

我们起初以为细菌实行裸体运动，一丝不挂，后来一经详细观察，才晓得它们个个都穿着一层薄薄的衣服，科学的名词叫作荚膜。这种衣服是蜡制的，要把它染成紫色或红色才看得清楚。细菌很怕热，若将它们抹在玻璃片上放在热气上烘，顷刻间这层蜡衣就化了，露出它们娇嫩的肤体。他们又很爱体面，当它们来到人类或动物的体内游历，或在牛奶瓶中盘桓之时，穿得格外整齐，这层蜡衣显得格外分明。细菌的种族有很多，其中以"荚膜杆菌""结核杆菌"及"肺炎球菌"三族衣服穿得特别讲究，特别厚，特别容易为我们所认识。

细菌的吃最为奇特而复杂，我们若将它详详细细地分析一下，也可以写成一部食经。在这里不便将它的全部秘密泄露，只略选其大概而已。细菌是贪吃的小孩子，它们一见了可吃的东西便抢着吃，吃个不休，非吃得精光不止。但它们也有吃荤绝对不吃素的，也有吃素绝对不吃荤的，所以我们有动物病菌与植物病菌之分。大多数的细菌都是荤素兼吃。有的细菌荤素都不吃而去吃空气中的氮，或无机化合物如硝酸盐、亚硝酸盐、阿莫尼亚、一氧化碳之类。此外还有吃铁的铁菌和吃硫黄的硫菌。更有专吃死肉不吃活肉的腐菌和专吃活肉不吃死肉的病菌。麻风的病菌只吃人及猴子的肉，不肯吃别的东西，平常住在水里或土壤里的细菌，到了人或动物的身上就要饿死。然而结核杆菌及鼠疫杆菌等这些穷凶极恶的病菌就很调皮，它们在离开人体到了外界之后又能暂吃别的东西以维持生活。在吃的方面，细菌还有一种和人类差不多的脾气，我们不可不知道的，就是太酸的不吃，太咸的不吃，太干的不吃，太淡而无味的也不吃，大凡合人类的胃口也就合它们的胃口。所以人类正吃得有味的东西，想不到它们也在那里不露声色地偷着吃。

细菌的住是和食连在一起的，吃到哪里就住到哪里，在哪里住就吃哪里的东西，它们吃的范围是这样广大，它们住的区域也就无止境了。而且它们在不吃的时候也可以随风飘游，它们的子孙便散布于全地球了（别的星球有没有我们还没有法子知道。从前德国有一位科学家特意坐气球上升到天空去拜访空中的细菌，他发现离地面4000米之高还有好些细菌在那里徘徊）。大部分的细菌都是以土壤为归宿，而以粪土中所住的细菌为最多，大约每一克重的粪土住有115000000个细菌。由土壤而入于水，便以水为家，到了人及动植物身上，便以人及动植物的身体为家。还有一种细菌叫作"爱热菌"，在温泉里也可以过活。

好多种细菌身上都有一根根或多根活泼而轻松的鞭毛。这鞭毛鼓舞起来它们便可在水中飞奔，伤寒杆菌能于1小时之内渡过4毫米长的路程。这一点儿路在细菌看来实在远得很，因为它们的身长尚不及2微米，而4毫米却比2微米长2000倍。霍乱弧菌飞奔得更快，它们可于1小时之内渡过18厘米长的路程，比它们的身体长9万倍，别的生物都不能跑得这样快。不过细菌若专靠它们自己的鞭毛游动毕竟走得不远。它们是喜欢旅行，喜欢搬家的，于是不得不利用别的法子。它们看见苍蝇附在马尾还能日行千里，老鼠伏在船舱里犹能从欧洲搬到亚洲，它们何不就附在苍蝇和老鼠身上，岂不是也可以游历天下吗？于是蚊子苍蝇就成了它们的飞机，臭虫跳虱就成了它们的火车，鱼蟹蚝蛤就成了它们的轮船，自由自在地到处观光。不仅如此，它们还会骑人，在这个人身上骑一下又跳到另外一个人身上骑一下，你看，在电车上，在戏院里，在一切公共场所，这个人吐了一口痰，那个人说话口沫四溅，都是它们旅行的好机会呀。

细菌的大菜馆

人类开始的那一天，亚当和夏娃手携手，赤足露身，在伊甸河畔的伊甸园中，唱着歌儿，随处嬉游，满园树木花草，香气袭人。亚当指着天空一群飞鸟，又指着草原上一群牛羊，对夏娃说："看哪！这都是上帝赐给我们的食物呀。"于是两口儿一齐跪伏在地上大声祷告，感谢上帝的恩惠。

这是犹太人的宗教传说。直到如今，在人类的潜意识中，犹以为天生万物皆供人类的食用、驱使、玩弄而已。

希腊神话中，欧林壁山①上一切天神都是为人所有，如爱神司爱，战神司战，谷神司食，因为人而创出许多神来。

我们古老国家的一切山神、土地、灶君、城隍也都是替人掌管，为人而虚设其位。

这些渺渺茫茫无稽之谈都含有一种自大性的表现，自以为人类是天之骄子，地球上的主人翁。

自达尔文的《物种起源》出版，就给这种自大的观念迎头一个痛击。他用种种科学的事实，说明了人类的祖先是猴儿，猴儿的祖宗又是阿米巴（变形虫），一切的动物都是远亲近

① 即奥林匹斯山。

戚。这样一说，人类又有什么特别贵重呢？人类不过是靠一点儿小聪明，得到一些小遗产，走了运，做了生物的官，刮了地球的皮，屠杀动物，砍折植物，发掘矿物，以饱自己的肚皮，供自己的享乐，乃复造出种种邪说，自称为万物之灵。

布伦费尔先生，美国的一位先进的细菌学家，正在约翰·霍普金斯大学医院实验室里，穿着白衣，坐在黑漆圆凳子上，俯着头细看显微镜下的某种大肠杆菌，忽然听见我讲到"饱自己的肚皮"一句，不禁失声大笑，没有转过头来，接着就说，带有一半不承认我的话的口气：

"饱谁的肚皮呀？恐怕不仅饱人类自己的肚皮吧？你就没想到人类的肚子里还有长期的食客，短期的食客，来来往往临时的食客呀。一个个两条腿走来走去的动物，还是细菌的游行大菜馆呀。"

我本来处于摇摇孤单的地位，硬着胆说了前面的一番话，已预计会被听众包围问难，被他这一问，倒惊退一步。但他不等我回答，又站起来，回过身倚在试验桌旁，接着侃侃而谈。

"不仅人类的肚皮是细菌的菜馆，狮虎熊象、牛羊犬鼠、燕雁鸦雀、龟蛇鱼虾、蛤蚌蜗螺、蜂蚁蚊蝇，乃至于蚯蚓蛔虫，举凡一切有脊椎和无脊椎的动物，只需有一个可吃的肚皮或食管，都是细菌的大小菜馆、酒店。不但如此，鼻孔喉咙还是细菌的咖啡馆，皮肤毛细血管还是细菌的小食摊，而地球上的一沟一尘、一瓢一勺，莫不是它们乘风、纳凉、饮冰、喝茶之所。细菌虽小，所占地盘之大，子孙之多，繁殖之速，食物之繁，无微弗至，无孔不入，诚人类所不敢望其肩膀。所以这世界的主人翁，生物的首席，与其让人类窃称，不如推举细菌。"

他说到这里顿了一顿，我赶紧含笑插进去说：

"然则弱小细微的东西从今可以自豪了。你的话一点儿都不错。强者大者不必自鸣得意，弱者小者毋庸垂头丧气。大的生物如恐龙巨象，因为自然界供养不起，早已绝种。现在以鲸鱼为最大，而大海之中不常见。老虎居深山中，奔波终日，不得一饱，看见丛林里一只肥鹿，喜之不胜，又被它逃走了。蚂蚁虽小，却能分工合作，昼夜辛勤，所获食料，可供冬日之需。生物愈小，得食愈易。我不要再拖长了。现在就请布伦费尔先生给我们讲一点儿细菌大菜馆的情形吧！"

布伦费尔先生是研究人类肚子里的细菌的专家。他深知其中的奥妙。

于是这位穿白衣的科学先生又开口了。这一次，他提高嗓子，用庄严而略带幽默的态度说：

"我们这一家细菌大菜馆，一开前门便是切菜间，壁上有自来水，长流不息，菜刀上下，石磨两列，排成半圆形，还有一个粉红色活动的地板。后面有一条长长的甬道，直达厨房。厨房是一只大油锅，可以伸缩，里面自然产生一种强烈的酸汁，一种神秘的酵汁。厨房的后面，先有小食堂，后有大食堂，曲曲弯弯，千回百转，小食堂备有咖喱似的黄汁，以及其他油呀醋呀，一应俱全。大食堂的设备，较为粗简，然而客座极多，可容无数万细菌，有后门，直通垃圾桶。

"形形色色的菌客菌主菌亲菌友，有的挺着胸膛，有的弯腰曲背，有的圆脸涂脂搽粉，有的大腹便便，有的留个辫子，有的满面胡须，或摇摇摆摆，或一步一跳，或匍匐而入，或昂然直入。有从前门，有从后门。

"从前门而入者，多留在切菜间，偷吃菜根、肉余、齿垢、皮屑。然而常为自来水所冲洗，立脚不定。不然，若吃得过火，连墙壁、地板、刀柄都要吃，于是乎人就有口肿、舌烂、牙痛之病了。

"这一群食客里面，最常来光顾的有六大族。一为圆脸的'小球菌'，二为像葡萄的'葡萄球菌'，三为珠脸的'链球菌'，四为硬挺挺的'阳性格兰氏杆菌'，五为肥硕的'阴性格兰氏杆菌'，六为弯腰曲背的'螺旋菌'，这些怪姓，经过一次介绍，恐你们仍记不清啊。

"在刷牙漱口的时候，这些无赖的客人，一时惊散，但门虽设而常开，它们又不请自来了。

"婴儿呱呱坠地的一刹那间，这所新菜馆是冷清清地无声无息。但一见了空气，一经洗涤，细菌闻到腥秽的气味，就争先恐后，一个个从后门踉跄而入。假如将婴儿的肛门消毒，再用一条无菌的浴巾封好，则可经20小时之久，一验胎粪仍杳然无菌迹。一过了20小时之后，纵使后门围得水泄不通，而前门大开，细菌已伏在乳汁里面混进来了。

"在母亲的乳汁中混进来的食客以'乳枝杆菌'一族为最多，占99%，其中有时夹着几个'肠球菌'及'大肠杆菌'。

"假如母亲的乳不够吃，又不愿意雇奶妈，而去请母黄牛作奶娘，由牛奶所带来的细菌，就五光十色了。最多数的不是'乳枝杆菌'，而是

'乳酸杆菌'。此外还有各种各样的'大肠杆菌''肠球菌''阳性格兰氏需气芽孢杆菌''厌气菌'等，甚至有时混着一两个刺客，如'结核杆菌'，那就危险了，所以没有严格消毒过的牛奶，不可乱吃呀！

"在成年人肚子饿的时候，油锅里没有菜煮，细菌也就不来了。一吃了东西，细菌却跟着进来，厨房里就拥挤不堪。但是胃汁是很强烈的，它们未吃半饱，都已淹死了。只有几种'抗酸杆菌'及'芽孢杆菌'还可幸免。但是对于有胃病的人，胃汁的酸性太弱，细菌仍得以自全，并且如'八叠球菌''寄腐杆菌'等竟毫无顾忌地在这厨房里组织新家庭，生出无数菌儿菌孙。而那病人的胃一阵一阵地痛了。

"过了厨房，就是小食堂，那里食客还不多。不过食客到了食堂就流连不忍离去，于是有好些都由短期变成长期食客了，这些长期食客中以大肠杆菌最主要。它的足迹走遍天下菜馆，不论是有色人种也好，无色人种也好，它都认得，每个人的肠内都有它在吃。"

说到这里，白衣科学先生用他右手尖长的食指，指着桌上那一架显微镜说：

"我在这显微镜上看的就是这一种'大肠杆菌'。其余的食客恕我不一一详举。"

"一到了大食堂，就热闹起来。摇头摆尾，挤眉弄眼，拍手踏足，摩肩攘臂，济济一堂，尽是细菌亲友，细菌本家。有时它们意见不合，争吵起来，扭作一团，全场大乱，人便觉得肚子里有一股气，放不出来。"

"快到后门了，菜渣、细菌及咖喱似的黄汁相拌，一变而为屎。1斤屎有四五两细菌哩。其中大部分都是吃得太饱胀死了。"

"以上所述，都是安分守己的细菌，还有一群专门捣墙毁壁的病菌，那我们不称它们作食客，简直叫它们作刺客暗杀党了。这就请别的专家来讲吧！"

细菌的形态

有了一架可以放大至1000倍左右的显微镜，看细菌是便利的事了。只需将那有菌的东西，挑下一点点涂于玻璃薄片上，加1滴清水，放在镜台上，把镜筒上下旋转，把眼睛搁在接目镜上一看，镜中自然隐约浮出细菌的原形来。

但是，这样看法，就好像半夜醒来，睡眠迷离中，望见天空烁烁灼灼，忽明忽暗的星河星云，看得太模糊恍惚了。

自柯赫先生引用了染色法以来，细菌也施紫涂朱，抹黄穿蓝，盛装艳服起来，显得格外分明鲜秀。

后来的细菌学家相继改良修进，格兰先生发明了阴阳染色法，齐尔、尼尔森两位先生发明了抗酸染色法，细菌经过洗染之后，轮廓不但明显，内容清晰，而且可作种种分类了。

就其轮廓来看，细菌大约可分为六大类：一为像菊花似的"放线菌"，二为像游丝似的"丝菌"，三为断干折枝似的"枝菌"（即分枝杆菌），四为小皮球似的"球菌"，五为小棒子似的"杆菌"，六为弯腰曲背的"弧菌"，那第六类，有的多弯了几弯，像小小螺丝钉，又叫作"螺旋菌"。

这些细菌很少孤身漂泊，都爱成双结四，集队合群地，到处游行。球菌中，有的结成葡萄般的一把一把数百个在一起，名为"葡萄球菌"；有的连成珠儿般的一串一串，有短有长，名为"链球菌"；有的拼成豆子、栗子、花生般的一对一对，名为"双球菌"；有的整整四个做成一处，名

为"四联球菌"；有的八个叠成立方体，名为"八叠球菌"。

杆菌中，有的竹竿儿似的一节一节；有的马铃薯般胖胖的身躯；有的大腹便便，身怀芽孢；有的芽孢在头上，身像鼓槌；有的两端肿胀，身似豆荚；有的身披一层荚膜；有的全身都是毛；有的头上留有辫子；有的既有辫子，又有尾巴；长长短短，有大有小。

细菌都有点儿阴阳怪气，有的阴盛，有的阳多，有的喜酸性，有的喜碱性。若用格兰先生的染料一染，点了碘酒之后，再用火酒来洗，有的就洗去了颜色，有的颜色洗不去了。洗去的就叫作"阴性格兰氏球菌"及"阴性格兰氏杆菌"；洗不去的就叫作"阳性格兰氏球菌"及"阳性格兰氏杆菌"。这阴阳两大类的球菌和杆菌，之所以不同，皆因其化学结构及物理性质有所不同，换言之，即它们生理上的作用，是不一样的。

有一类分枝杆菌，如著名的结核杆菌，满身都是油，很不容易染色，后来齐先生和尼先生，把他放在火上烘，烘得油都化走了，所以一经染色，就是放在酸汁中浸，也洗不退，这就是抗酸染色，这一类杆菌，又被称为抗酸杆菌。

染色之道益精，菌身的内容益彰。细菌身上或有芽孢，或有荚膜，或有鞭毛。前文已经隐隐提出。芽孢用以传种，荚膜用以自卫，鞭毛用以游动。

除此之外，孢中并非空无一物，有说还有孢核的，有说还有色粒的，连细菌学家，都还没有一律的主见，我们俗人不管这个。

1935年11月5日

清水和浊水

去年夏天各省抗旱，今年夏天江河泛滥，农民叫苦连天，饿尸遍野，水的问题够严重的了。

伍秩庸先生论饮水说：

"人身自呼吸空气而外，第一要紧是饮水。饮比食更为重要，有了水饮，虽整天饿，也可以苟延生命。人体里面，水占七成。不但血液是水，脑浆78%也都是水，骨里面也有水。人身所出的水也很多，口涎、便溺、汗、鼻涕、眼泪等都是。皮肤毛细血管，时时出气，气就是水。用脑的时候，脑气运动，也是出水。统计人身所出的水，每天75两①。若不饮水，腹中的食物渣滓填积，多则成毒。如果能时时饮水，可以澄清肠脏腑的积污，可以调匀血液使之流通畅达，一无疾病。"这一篇话，自然是根据生理学而谈。于此可见，水的问题对于人生更密切了。

然而，一杯水可以活人，一杯水也可以杀人。水可以解毒，也可以致病。于是水可以分为清水和浊水两种，清水固不易多得，浊水更不可不预防。

18世纪中，英国大化学家卡文迪什在试验氢与氧的合并时，得到了纯净的水。后来法国大化学家拉瓦锡证实了这个试验，于是我们知道水是氢和氧的化合物。这种用化学法来综合而成的水，当然是极纯净极清洁的了。然而这种水实在不可多得，只好用它做清水的标准罢了。

一切自然界的水，多少总含有一些外物。外物愈多则水愈浊，外物愈

---

① 1 两 = 50 克。

少则水愈清。这些外物里面，不但有矿物，如普通的盐、镁、钙、铁等化合物之类，还有有机物。有机物里面，不但有腐烂的动植物，还有活的微生物。微生物里面，不但有普通的水族细菌，如光菌、色菌之类，还有那些专门害人的病菌，如霍乱弧菌、伤寒杆菌、痢疾杆菌之类。

　　自然界的水的来源，可分为地面和地心两种。地面的水有雨水、雪水、雹、冰、浅井、山泽、江河、湖沼、海洋等。地心的水就是深井的泉水。

　　雨水应当是很干净的了。然而当雨水下降的时候，空气中的灰尘愈多，所带下来的细菌也愈多。据巴黎门特苏里气象台的报告，巴黎市中的空气，每1立方米含有6040个细菌，巴黎市中的雨水，每1升含有19000个细菌。在野外空旷之地，每1升的雨水，不过有一二十个细菌。

雪水比雨水浊，这大约是因为雪块比雨点大，所冲下的灰尘和细菌也较多吧。然而巴斯德曾爬上阿尔卑斯山的最高峰去寻细菌，那儿的空气极清，终年积雪，雪里面几乎是完全无菌的了。

雹比雨更浊。1901年的7月，意大利拍杜亚地方下了一阵大雹，据白里氏检查的结果，每1升雹水至少有140000个细菌。这或是因为那时空气动荡得很厉害，地上的灰尘吹到云霄里去，雹是在那里结成的，所以又把灰尘包在一起，带回地上了。

冰的清浊，要看是哪一种水结成的。除了冰山冰河以外，冰都是不大干净的啊，因为在冰点的低温度，大多数的细菌都能保持它们的生命。

浅井的水，假如井保护得法，或上设抽水机，细菌还不至于太多。若井口没有盖，一任灰尘飞入，那就很污浊了。

山涧的水，不使粪污流入，较为清净，所含的微生物，多是土壤细菌，于人无害，但经一阵大雨之后，细菌的数目立刻增加了好几倍。

江河的水最是污浊，那里面不但有很多水族细菌和土壤细菌，而且还有很多粪污细菌，这些粪污细菌都有传染疾病的危险。粪污何以曾流入江河里面呢？这都是因为无卫生管理，无卫生教育，于是一般无训练的民众都认为江河是公开的垃圾桶，在这一个大错之下，不知枉送了多少性命。

湖沼的水比江河的干净。水一到了湖就不流了，因为不流，那儿无数的细菌都自生自灭，所以我们说湖水有自动洗净的能力，并且湖心的水比傍岸的水更加清净少菌。

海水比淡水干净。离陆地愈远愈净。1892年，英国细菌学家罗素在那不勒斯海湾测验的结果，在近岸的海水中，每1立方厘米有70000个细菌，离岸4000米以外，每1立方厘米的海水，只有57个细菌了。在大海之中，细菌的分布很平均，海底和海面的细菌几乎是一样多的。

由地心涌出的泉水和人工所开掘的深井的水是自然界最清净的水。据文斯洛的报告，波士顿的15个自流井，平均每1立方厘米只有18个细菌。水清则轻，水浊则重。清高宗曾品过通国之水，以质之轻重，分水之上下，乃定北平海淀镇西之玉泉为第一。玉泉的水有没有细菌，我们没有试验过，就算有，一定也是很少很少。

水的清浊有点儿像人，纯洁的水是化学的理想，纯洁的人是伦理学的理想，不见世面，其心犹清，一旦为社会灰尘所熏染，则难免不污浊了。

清水固然可爱，但有时含有病菌，外面看去清澈无比，里面却包藏祸心，这样的水是假清水，这样的人是假君子，其害人而人不知，反不如真浊水真小人之易显而人知预防。而且浊水，去其细菌，留其矿质，所谓硬性的水，饮了，反有利于人身呢。

化学工作上，常常需要没有外物的清水。于是就有蒸馏水的发明，一方将浊水煮开，任其蒸发，一方复将蒸汽收留而凝结成清水。这种改造的水是很清净无外物的了。

医学上用水，不许有一粒细菌芽孢的存在。于是就有无菌水的发明。这无菌水就是将装好的蒸馏水放在杀菌器里消灭，将水内的细菌一概杀灭。这样人工双重改做过的水，是我们今日所有最纯净的清水了。

浊水还可以改造为清水，人呢？

1935年8月10日

地球的繁荣与土壤的劳动者

　　吾乡福州，环山抱海，在人迹未到之前，原是闽江北岸鼓山脚下一片荒地，几块乱石而已。后来，由苗民部落，到田舍，小村，小镇，到县城，到府治，到今日福建的省会，其间也曾做过好几年帝王的宫城，至今城内犹留下三座秀丽的小山——于山、乌石山及屏山，是当初的三块大石头，当苗民初来时，荆棘野草满目，不堪行人。后经他们一步一步地踏成羊肠小径，渐渐化为泥路。汉族移民到此，把它砌成石子路，又改造为石板路。我家在于山之麓，我幼时，到明伦小学去读书，天天从家里出来，要转好几个弯，这些石板路，是走得极其熟了。谁知15年之后，回到故乡，已街道改观，不识旧人，三坊七巷之间，都是宽大平坦的马路了。

　　由羊肠小径变成平坦大道，由荒野乱石变成热闹的都市，这个浩大的工程，谁的功，谁的力，谁的汗滴成的呢？

　　埃及的金字塔，中国的万里长城，欧洲各处的大教堂、皇宫，纽约的摩天大厦，地球上一切伟大的建筑物，君王只需一道命令，阔佬只需一张支票，工程师不过绞了一点儿脑汁，谁在那里天天流汗、呼喊、挣扎而造成的呢？这些建筑物，千古长存，任人凭吊，而流汗的大众却早已被后人所遗忘了。

　　太阳是群星的一颗，地球又是太阳的一粒碎片，福州只是地球上的一抔黄土，几根青苔而已，那些大的建筑物，在地图上，也不过是一点一圈一横一直罢了。

　　地球是我们人类的家乡。地球的年龄，据地质学家的估计，大约是46亿年。当它初从太阳怀里落下来的时候，是一团火焰，熔化着各种元素。后

来慢慢冷下来了，凝结成了一块橘子形的大石头，直径不及13000千米，地心犹是火焰，地面是热腾腾的蒸汽。后来地面起了皱纹，凹凸不平，凹处蒸汽冷了，变成海洋，凸处成为高山。高山的岩石，被风霜冰雹打成碎片散沙，为大雨所冲洗而下，随江河的急流而入于海。这些散沙，在海底浸润了几千万年之久，变成烂泥，等到了环境和气候都适合于生物生存的时候，于是小小的生物，如阿米巴、海藻之类，斯斯文文，不慌不忙地，从烂泥中，一个个跳出来，和太阳行见面礼。这时候的地球是阿米巴和海藻的世界了。

又过了几千万年之后，三叶虫出世，夺了阿米巴的宝座，自称为大海霸王，如今一切昆虫，都是它后代的儿孙。

再过了几千万年，大鱼小鱼都出世了，还有一跳一跳的癞蛤蟆也跟在后面来了。有一天癞蛤蟆露出头来在水面观光，发现了陆地，大喜，哇的一声，一跃而上，觉得这里倒很清净，从那天起，时时带它的老婆儿女，出没于水陆之间，号称两栖。这时候陆地上也有了一层烂泥了。

由于蛤蟆的领导，大海里的动物，都要爬到陆地上去觅食，但是它们已习惯在水里游泳，一旦爬上岸，只得匍匐蹒跚而行，后来觉得陆地上有趣，都不肯回到水中，于是就有爬虫类的出现。这些洪荒时代的爬虫，都是奇形怪状，庞大无比。它们无时不在追捕弱小的动物，以充饥肠。弱小的动物，被它们逼得无处逃生，经过几百万年的奋斗，果然有一天，前身两臂渐渐化成翅膀，奋力一伸，飞上天空，于是天空就有了飞鸟。

地面上的气候，一天比一天冷了。赤身光体的爬虫，抵不住寒风的侵袭，为应付新环境，自然界就产生了哺乳类动物。哺乳类全身都有很厚很长的毛，可以御寒。它们又感到卵生之不便，把孵育的工作收回子宫里面，等到胎儿的雏形完成之后，才离开了母体。胎儿出生之后，又把它放在安全的地方，喂以母乳，教之觅食，直到长成能自己觅食为止。这时候陆地上已有了森林了。

哺乳类动物以猿猴最为聪明。它利用了两手攀登树木，剖吃果实，渐渐有了起立步行之势。

大脑渐渐发达了，有了记忆力，就发生了情感作用；有了想象力，就发生了理智作用。结合情感与理智，便有了创作发明的力量，于是原始人竟和猴子有些不同了。他看见地上有许多石子和火石，就拣几个起来，制成种种石器，或粗或细，可以猎食，可以防身。由原始人到现在，据说已有50万年的光阴了。至少，在第四次冰河退走之后，第一个和现代人一样身材容貌之真人出现的时候，距今也有25000年了。

石器时代过去了。人类分支繁殖起来，征服了动植物，居然做了地球上唯我独尊的主人翁了。由狩猎的生活而进为渔牧的生活，后进为耕种的生活，再进为工厂机械商人大腹贾的生活。由野人一变而为酋长，由酋长一变而为国王、皇帝，由国王、皇帝一变而为资本家，资本家一亡，便为劳动者的世界了。由于怕鬼怕天怕黑暗而入于神学的思想，神学不足信，乃代以玄学，玄学不足信，乃代以科学发达起来，于是火车、汽车、轮船、飞机、无线电、120层摩天楼、电梯，一上一下，飞来飞去，时东时西，忙个不停，流线型的生活，穷极物质之奢，把地球的面皮抓得怪难受的。假使原始人复活起来，走到南京路上，一定目瞪口呆，东张西望，不知怎样是好，手里所存的一块石头也忘其所用了。现代人果然厉害！

然而，追本还原，生物的原始，是从烂泥中出来的，地面上一切生物的繁荣，也都靠着烂泥里面食料的供给，源源不绝。人类一切的进步，科学一切的发明，也都要归功于烂泥。烂泥是一切生命创作的源泉啊。

烂泥就是土壤。土壤的结构，是矿物的粉粒与有机物的碎片相拌，再加入水或空气。有机物是由于动植物的尸身分解而来。动植物的死亡相继不已，则有机物的供给无穷。然而矿物的粉粒有时不足。徒有有机物而无矿物，则是垃圾堆，不是土壤。徒有矿物而无有机物，则是沙滩，也不是土壤。

所以，要使土壤里面的食料不至于完尽，以维持地球的生活，一定要时时补充，时时变换。这变换和补充的职务，谁能担任呢？谁是土壤的劳动者呢？

是蚂蚁吗？是蚯蚓吗？

蚂蚁、蚯蚓，在土壤里钻来钻去，忙的是自己的吃饭和居住的问题，不过它们奔走的结果，确有松解土壤之功，使空气得以流通，然而对于变换和补充土壤的工作，它们是丝毫没有能力的啊。

是人类的锄头吗？是农人所施种的肥料吗？

锄头也不过是松解土壤，肥料只是增加土壤里有机物的容量而已。

土壤的劳动者，就是我们肉眼看不见的小宝宝，叫作细菌啊。土壤细菌的生生世世，唯一的工作，唯一的使命，就是变换土壤的性质，补充土壤的原料。这等工作，除了土壤细菌之外，断非其他生物所能胜任。

大多数的土壤细菌，都盘踞在离地面5~22厘米深的土壤里面。入土愈深则细菌愈少，在含湿气多的土壤，半米深以下，就几乎完全没有细菌了。在经人灌溉过的松软的土壤里面，到了近3米深，还有细菌。每克的土壤，含有300万至2亿个细菌。有这样多的细菌在那里工作，难怪土壤常常都是又肥又新鲜。

自阿米巴到人类，自青苔绿藻到大树上的残花枯叶，地球上一切的生物，不死则已，死了都要归入土中。细菌见了，就围着吃，慢慢地把它们身上的复杂的蛋白质，或纤维素，一点一点地都分解下来。有的变成碳酸气，送入空气中。有的变成阿莫尼亚，又氧化成为硝酸盐，这硝酸盐就是植物最重要的一种食料，植物的根可以从土中自由吸收。硝酸盐是土壤的宝藏，它的供给之所以能源源而来，就是靠着土壤细菌昼夜不息的工作。土壤细菌实是地球上最重要的劳动者，土壤的变换与补充，实是地球上最浩大的工程。

然而，在这资本主义还没有完全消灭的时代，劳动者还是被人看不起，小小的土壤细菌，能引起人类的注意吗？

1935年10月9日

凶手在哪儿

强盗在杀人，疾病也在杀人。

强盗的面前是财物，背后站着迫强盗为强盗的恶势力。

疾病的面前是身体虚弱、不讲卫生的人，背后站着毒菌。

战争在酝酿着，时疫也在酝酿着。杀人的势力膨胀了。

战争的凶手是帝国主义者的军队，时疫的凶手是毒菌的兵马。

战争造成了毒菌大量杀人的机会。它没有正式利用过毒菌，也许终于不敢利用，而毒菌却早已尽量利用了它。

单举"脑膜炎"为例吧。脑膜炎的凶手，是爱吃人血的一对一对的"双球菌"。经过一次大战，它就盛行了一次。在欧战时，英军受害最大，法军次之，德军几乎幸免，这或许是因为德国的军事卫生训练特别精到吧。

在战前，每年因脑膜炎死的英国人，不到200人。在1915年英国加入欧战之后，死于脑膜炎的人数，突然增至1521人。

在中国，脑膜炎素来就不和我们客气，一旦远东战事发生，即使敌人不散放脑膜炎的毒菌来扑灭我们，因战时所造成的不卫生的环境，脑膜炎也自然会趁势蔓延起来。那时，我们一般军队和民众，既缺卫生训练，又少预防常识，一个个手忙脚乱，不知如何是好，怎么得了！

脑膜炎如此，还有其他更多更凶的毒菌，都在那里扩张军备，瞧着，闻着，等候着大战的来临，就要一一发作，一一暴动起来，更怎么得了！

战争是时疫的导火线。

所以战争不仅是社会科学的问题，也是自然科学的问题。

疾病不是私人的痛苦，大家都有份。病会流行，病会传染，传染所及，大众都要遭殃。一人的病，一变成大众的疫，全世界都会恐慌。

战争至大的对象，是要打倒了别人的国家，降服了异族。帝国主义者这才扬扬得意了。

时疫至大的对象，是要毁灭全人类，破坏生物界的完整。毒菌这才在那里吃吃而笑了。

所以时疫虽是自然科学的问题，也是社会科学的问题。

帝国主义者这凶手的潜势力，是很深长久远的，他是明目张胆地行凶，我们是司空见惯了。

毒菌这凶手的潜势力，也很深长久远。可是它在暗中作怪，我们只觉着受它的攻打，却见不着它的踪迹。

有一些毒菌的踪迹，虽是被科学家看穿了，可我们大众哪里有这眼福。就是偶尔看到显微镜，也是茫然一无所得。

那么，请细菌学者开一张毒菌的清单，好吗？那又都是一批一批，生硬的怪名词，看了更糊涂。

既有这些杀人不见血，不留影子的凶手，又有那些土头土脑，危险临头却还是那么懒洋洋的，没有团结力，没有自卫力的一般民众，这岂不是都坐着等死吗？

毒菌的真相、阵容，如何侵略我们，我们如何侦察、搜查，如何防御，如何消灭它们的恶势力，这些似乎都是专家的智识。然而大战爆发了，寥寥几位专家是不济事的。卫生局就有成千的医生，可以立时动员给我们打预防针，施救急药，一市数百万的居民，能个个都照顾到吗？中国有几个城市有卫生局呢？全国有多少能治病的医生呢？

因此，中国的民众在抵抗帝国主义者侵略的时候，对于防御毒菌的常识，是必不可少的。

最先要认识毒菌的巢穴、魔窟，然后进可以攻，退可以守，处处小心提防，不去沾染它。攻就要全部围剿，用消毒的手段去消灭它。

我是曾经在实验室里，掌管过毒菌的生死簿的一人，所以对于它的来历、形状，颇为清楚。

统观起来，屈指一算，它的魔窟，可有七处。

第一窟是水窟，叫它作粪窟更为切实。粪原是毒菌的大本营。一杯明净的水，它的来源若流进了粪，就有不少的毒菌混入，看上去虽然明净，然而就是这一杯水，把毒菌送到我们的肚肠里去了。这一类的毒菌，如伤寒菌、痢菌、霍乱菌，都是极凶狠的。虽然不能忘记了苍蝇，也是这一批传染症的帮凶，但有时做帮凶的还是人们自己的手指头。

第二窟是人窟，更深切一点儿叫作喉窟也可以。毒菌就伏在人的咽喉里。带菌的人把它带来带去，四处散布，人众拥挤的地方，更是危险了。欧战时就有不少这种经验。在营房里，本来人气就多，到晚上又都床靠床地睡。据说床的隔离，要在1米以外，才没有传染的危险。这一类的传染病如结核、白喉、脑膜炎、流行性感冒、肺炎、猩红热，等等，传染的法子，大同小异，都是以病人或带菌人为出发点。

第三窟是食窟，这一类的毒菌，如肠热毒、腊肠毒菌，都不待苍蝇的提携，早伏在肉和菜里面了。中国人吃的肉煮得烂，危险似乎是较少。

第四窟是虫窟，身虱可怕吗？它会传染斑疹伤寒。臭虫、吮血蝇可怕吗？它们会传染回归热。跳蚤可怕吗？它会传染鼠疫。不过鼠疫还有老鼠被利用。疟蚊可怕吗？它会传染疟疾，不过疟疾的主因，不是毒菌，而是毒原虫。这些虫儿们有些常见，有些不常见，都该一律打倒，免得将来帮凶。

第五窟是兽窟，在这里，人和兽都是被屠杀者。因为人和兽的接近，兽的疫就跑到人身上来了。疯狗咬人，人不但受伤，还会患狂犬病。马夫曾受马鼻疽的传染。牛羊的炭疽病，会传给织毛洗革的工人。地中海一带的人，吃了羊奶，也会得马耳他热病。牛奶有时也会送结核菌到我们的肚子里去。欧战时，前线的兵士多得急性黄疸病，据说是身上的伤口沾到了老鼠尿。日本也有七日热、鼠咬诸病，都与老鼠有关。的确，老鼠还是鼠疫的第一主人啊。

第六窟是土窟，这里抗敌的战士们要特别注意呀！在战壕里，就伏有不少的毒菌。不是那泥土不干净，就是那马粪太危险，受伤的军士是经不起破伤风毒菌的袭击呀。有时在战地上跳出一种虱子咬你一口，还会发生战壕热的病哩。

第七窟是皮窟，是皮肤和皮肤的密切接触而传染。那就是混入人类的性生活里的梅毒菌和淋菌。还有那爬在皮肤上老不肯离去的麻风菌。这些顽固的毒菌，在传染病的暴风雨中，居然也占有一角很大的地盘。

也许还有第八窟。这七窟也并不是天然的分界。不过在这七窟里，我们时时都可以发现毒菌在活动、蔓延。

水、人、食、虫、兽、土、皮，这毒菌的七窟，认清吧！

临了，我记起一件事。第八窟是有的，那就在帝国主义者预备施放毒菌战的时期。那么我们要扑灭毒菌，就要先打倒帝国主义者！

1936年3月26日

科学趣谈：细胞的不死精神

细胞的不死精神

  细胞是生命的最小最简单的代表，是生命的基本单位。不论是穷得如细菌或阿米巴，一条性命，也有一粒寒酸的细胞，或富得像树或人一般，一身也不过多拥有几万万细胞罢了。山芋的细胞，红葡萄的细胞，不比老松老柏的细胞小多少。大象、大鲸的细胞，也不比小鼠小蚁的细胞大多少。在这生物的一切不平等声浪中，细胞大小肥瘦的相差，总算差强人意吧。

  这细胞，不问它是属于哪一位生物，落到适合于它生活的肉汁、血液，或有机的盐水当中，就像磁石碰着铁粉一般地高兴，尽量去吸收那环境的养料。

  吸收养料，就是吃东西，是细胞的第一个本能。

  吃饱了，会涨大，涨得满满大大的，又嫌自己太笨太重了，于是不得不分身，一分为二。

  分身就等于生孩子，是细胞的第二个本能。

  分身后，身子轻小了一半，食欲又增进了。于是两个细胞一齐吃，吃了再分，分了又吃。

  这一来，细胞是一刻比一刻多了。

  生物之所以能生存，生命之所以能延续下去，就靠着这能吃能分的细胞。

  然而，若一任细胞不停地分下去，由小孩子变成大人，由小块头变成大块头，再大起来，可不得了，真要变成大人国的巨人，或竟如希腊神话中的擎天大汉，或如佛经中的须弥山王那么大了。

为什么，人一过了青春时期，只见他一天老过一天，不见他一天高大过一天呢？

是不是细胞分得疲乏了，不肯再分呢？有没有哪一天哪一个时辰，细胞突然宣告停业了倒闭了呀？

细胞的靠得住与靠不住，正如银行商店的靠得住与靠不住，不然，人怎么一饿就瘦，再饿就病，久饿就死呢？不是细胞亏本而招盘吗？那么，给它以无穷雄厚的资源，细胞会不会超过死亡的难关，而达于永生之域呢？

这是一个谜。

这个谜，几十个科学家绞尽了脑汁，好几位生理学者费光了心血，终于是打破了。

1913那一年，有一天，在纽约，在那一所煤油大王洛氏基金所兴建的研究院里，有一位戴着白金眼镜的生理学者，葛礼博士，手里拿着一把消过毒的解剖刀，将一只活活的童鸡的心取出，他用轻快的手术，割下一小块鲜红的心肌肉，投入丰美的滋养汁中，放在一个明净的玻璃杯里面。立刻下了一道紧急戒严令，长期不许细菌飞进去捣乱，并且从那天起，时时灌入新鲜的滋养汁，不使那块心肌肉的细胞有一刻挨饿。

自那天起，那小小一块肉胚，每过了24个钟头，就长大了一倍，一直活到现在。

前几年，我在纽约城，参观洛氏研究院，也曾亲见过这活宝贝，那时候它已经活了16年了，仍在继续增长。

本来，在鸡身内的心肉，只活到一年，就不再长大了。而且，鸡蛋一成了鸡形，那心肉细胞的分身率，就开始退减了。而今这个养在鸡身以外的心肉细胞，竟然已超过了死亡的境界，而达到永生之域了。至少，在人工培养之中，还没有接到它停止分身的消息啊！

葛礼博士这个惊人的实验证实了细胞的伟大。

细胞真可称为仙胞，它有长生不死的精神与力量。只可惜为那死板板的环境所限制。一个细胞，分身生殖的能力虽无穷，恨没有一个容纳这无穷之生的躯壳，因而细胞受了委屈，生物都有死亡之祸了。

　　中华民族的生存，也和细胞一样，受着环境的威胁了。内有汉奸的捣乱，不抵抗弱者的牵制，外有强敌的步步压迫，已到了生死存亡的关头了。

　　然而民族是有不死的精神和斗生的力量。

　　中华民族固有的不死精神，和潜伏的斗生力量，消沉到哪里去了？还不跳出来！

　　我们要打破"由命不由人"这个传统的糊涂意识。科学已指示我们，环境的阻力，可以——克服。我们民族的命运，还在我们民众自己手里。全体中华民众团结起来，武装起来，奔腾怒吼起来，任何敌人的飞机、大炮都要退避。

　　集合民众力量，一致抗敌，自力更生，中国不亡！

纸的故事

一

我们的名字叫作"纤维"，我们生长在植物身上。地球上所有的木材、竹片、棉、麻、稻草、麦秆和芦苇都是我们的家。我们有很多的用处，其中最大的一个用处，就是我们能造纸。这个秘密，在1800多年以前，就被中国的古人知道了，这是中国古代的伟大发明之一。

在这以前，人们记载文字，有的是刻在石头上，有的是刻在竹简上，有的是刻在木片上，有的是刻在龟甲和兽骨上，有的是铸造在钟鼎彝器上。这些做法，都是很笨的呀！到了东汉时代（公元105年），就有一位聪明的人，名叫蔡伦的，他聚集了那时候劳动人民丰富的经验，发明了造纸术。用纸来记载文字就方便多了。

蔡伦用树皮、麻头、破布和渔网作原料，这些原料里面都有我们存在。他把这些原料放在石臼里舂烂，再和上水就变成了浆。他又用丝线织成网，用竹竿做成筐，做成造纸的模型。他把浆倒在模型里，不断地摇动，使得那些原料变成了一张席，等水都从网里逃光了，就变成了一张纸，再小心地把它拉下，铺在板上，放在太阳光下晒干，或者把它焙干，就变成了干的纸张。这就是中国手工造纸的老方法。

纸在中国被发明以后，又过了1000多年，才由阿拉伯人把它带到欧洲各国去旅行。它到过西西里、西班牙、叙利亚、意大利、德意志和俄罗斯，差不多游遍了全世界。造纸的原料沿路都有改变。

普通造纸的方法，都是用木材或破布等作原料。在这些原料里面，都少不了我们，我们是造纸的主要分子。拿一根折断的火柴，再从破布里抽出一根纱，放在放大镜下面看一看，你就可以看出火柴和纱都是我们组织成的。纸就是由我们造成的。你只要撕一片纸，在光亮处细看那毛边，就很容易看出我们的形状。

二

我们现在讲一个破布变纸的故事给你们听，好吗？这是我们在破布身上亲身经历的事。

有一天，破布被房东太太抛弃了。不久它就被收买烂东西的人捡走，和别的破布一起送到工厂里去。

在工厂里，他们先拿破布来蒸，杀死我们身上的细菌，去掉我们身上的灰尘。工厂里有一种特别的机器，专用来打灰尘的，一天可以弄干净几千公斤的破布。随后他们把这干净的破布放在撕布机里，撕得粉碎。为了要把我们身上一切的杂质去掉，他们就把这些布屑放在一个大锅里，和着化学药品一起煮，于是我们被煮烂了。他们又用特别机器把我们打成浆。他们还有一部大机器，是由许多小机器构成的。纸浆由这一头进去，制成的纸由那一头出来。我们先走进沙箱里，是一个有粗筛底的箱子，哎呀！我们跌了一跤，我们身上的沙，都沉到底下去了。于是我们流进过滤器——是一个有孔的鼓筒，不断地摇动，我们身上的结和团块都留在鼓筒里。于是我们变成了清洁的浆，从孔里漏出来，流到一张网上。最后，我们由网送到布条上，把我们带到一套滚子中间，有些滚子把我们里面的水挤压掉，另有些有热蒸汽的滚子，把我们完全烤干。最后我们就变成了一张美丽而大方的纸。这就是机器造纸的方法。

就这样，我们从破布或其他废料出身，经过科学的改造，变成了有用的纸张，变成了文化阵线上的战士。

1951年12月

· 130 ·

炼铁的故事

如果没有铁的话，我们的世界会变成什么样子呢？

一切机器的声音都停止了，我们的物质文明就会倒退很多世纪，重新过贫穷、落后、野蛮的生活。

那时候，从最小的螺丝钉到最大的锅炉都不能制造了。

那时候，不但马路上没有汽车，海洋上没有轮船，天空没有飞机，也没有高楼大厦、厂房、码头、仓库、铁路和桥梁。

就是手工业工人，也没有斧头、铁锤和锯子；农民也没有锄头和镰刀。一切劳动的工具，都只好用木头、石头和青铜制造了。

铁能使我们生活得更美满更文明，我们离不开它。

我们伟大的祖先，很早就发明了用铁作工具。不过，在那时候用土法采矿、炼铁，出产很少，质量也不好。

大约到了公元1400年的时候，才出现了规模较大的鼓风炉。从那时起，炼铁工人把他们不断地在劳动中所积累下来的经验和科学的成果相结合，才创造出现代化大规模的炼铁法。现在世界上已经有了新式鼓风炉，每24小时内可以产好几百吨铁。而且从采矿到炼铁的全部过程，也都机械化了。

你们如果到矿山上去看，就可以看见采矿工人正在用炸药把红褐色的铁矿石炸得粉碎，白天夜晚都可以听见轰隆隆的响声，像不断地在放炮。

你们又可以看见，在矿山的斜坡上，许多架铲矿石的机器，像坦克车一样在走动着。它的前面伸出了一只长长的钢臂，钢臂头上挂了个有齿的大铲斗。管理机器的工人扳动把手，操纵着大铲斗，把成堆的矿石轻便地装进一列列的车皮里，让火车把矿石运到炼铁厂去。

到炼铁厂去的路上，你们远远地就望见有一排烟囱，像哨兵似的站立着。

你们走进工厂，就看见红褐色的矿石，堆满在广场上。

先走过炼焦炉旁，这是一个庞大的建筑物。你们又会看见焦炭从炉子里排出来，还在燃烧中就被吊车运走。

接着你们就会看到那更有趣的部分了——鼓风炉。

这家伙像一座高塔，约有10层楼房那样高，肚子外层包着很厚的钢板，钢板里面砌着很厚的一层耐火砖，在它的身上还绕满了很多细细的管子，不停地流着水。

你们如果早来几个钟头的话，还可以看见小车一辆接着一辆地载着矿石、石灰石和焦炭，由升降机一直送到炉子顶上，把它们统统倒进鼓风炉里去，直到装满为止。

这时候，燃烧焦炭所必需的空气，由鼓风机经过送风管送进热风炉，空气在热风炉里，变成温度很高的热空气，再送到炼铁炉里去。

鼓风炉里热得要命，矿石开始熔化，像火山的内部一样，沸腾着火一般的熔岩。

现在时候到了，工人把鼓风炉底上的小门挖开，于是通红的铁水汹涌地奔流出来，火花四面散开。这就是炼好的生铁了。

火红的铁水滚滚地从鼓风炉里流出来，沿着地上的小沟，流到巨大的桶里。桶是那样沉重，都是用车子或者桥式吊车来把它运到炼钢炉或铸造厂去的。

炼钢炉和鼓风炉外形虽然不一样，但里面的构造差不多。在炼钢炉里，可以把铁里的杂质去掉，使它含很少量的碳。生铁的含碳量在1.7%以上，假若含碳量减少到0.3%至1.6%，就变成了钢。

这样从炼钢炉里炼出来的，就是有光亮的、有弹性的钢。钢可以制成刀子、锯子、斧头、钢轨、钢梁、车床……

炼铁炼得又好又省又快，机器的声音就会更加热闹起来，我国社会主义工业化，也就能早日实现。

1954年7月

谈 眼 镜

眼镜是玻璃国的公民。很久以来，它就为人类的视力服务。

一切近视眼和远视眼的人，都离不开它。没有它，他们就要失去工作能力，不能看书和写字了。

在眼镜未发明以前，古代的学者，常常因为年老眼花而诉苦。

世界上第一副眼镜——单眼镜，是用绿宝石造成的。公元1世纪时有一位近视眼的罗马皇帝曾用过它，闭上一只眼睛，来观看剑客们的决斗。

这位皇帝死后1300年，才有真正的眼镜出现。

这真正的眼镜，是用玻璃水晶造成的。

玻璃水晶和天然水晶一样，是纯洁而透明的物体。

但它比天然水晶容易熔化，也容易接受各种加工：吹制、琢磨和雕刻。

有了眼镜以后，人们还不知道怎样戴它才好，有的人把它缝在帽子上头，有的人把它装在铁圈里面，有的人把它镶在皮带上面。

又过了二三百年的时光，这个问题总算解决了。

这是16世纪的事。

那时候，人们购买眼镜，都到眼镜铺子里去自由选择，并没有经过眼科大夫的检查。

为什么戴眼镜会帮助视力呢？人们还不明白。

首先揭穿这个秘密的人，是德国的天文学家开普勒[1]，他告诉我们，

---

[1] 约翰内斯·开普勒，德国天文学家，发现了行星运行三大定律，被人们誉为"天空立法者"。

不论是人或是动物，眼睛里面都有一种两面凸起的水晶体。

　　远视眼的人，这水晶体凸起不够，光线收集不足，因而眼睛看东西都是模糊不清的。所以要给它加上一个两面凸起的玻璃水晶，才能补救这种缺陷。

　　近视眼的人，恰恰相反，他的水晶体过分凸起，光线过分集中，所以要给它戴上两面凹下去的镜片。

　　科学的进步，日新月异，眼镜的构造也越来越精巧。

　　今天，已有这样一种眼镜：它没有镜框，也不用架在鼻梁上，实际上它是镶装在眼皮下面、紧贴着眼球的一种镜片。如果你看戴这种眼镜的人，是不会看得出来眼镜的。

　　眼镜的科学，是真正为人类谋福利的科学。

　　在眼镜的大家庭里，还有望远镜、显微镜、照相机、电影机等。有的扩大和增强人类的视力；有的把人物、风景、故事情节都反映出来，给人们看。它们对人类都立过功勋，但它们不在本文范围之内，恕我不多谈了。

1956年8月

天　石

　　古时候，埃及人把铁叫作"天石"。在他们建造金字塔的时候，已经用过铁了。那时候，铁和金子一样，很不容易找，他们所有的铁，大约有一部分是来自天上掉下来的陨石。

　　阿拉伯人也有这种传说。他们说："铁是出产在天上的，天把金雨降落在沙漠上，金子变成了银子，银子又变成了黑色的铁。"这是铁的小小故事。

　　天文学家在观测天体的时候，也告诉我们：一切天体都含有铁。在它们的光谱线上，随时都可以看到铁原子所发出的光。在太阳的表面，也时常看到铁原子在奔流。每年都有不少铁原子，向地球身上降落，这就是陨石的来源。但是，长久以来，铁得不到普遍的应用，因为从天上掉下来的陨石，毕竟很少。

　　科学家又告诉我们：地壳的本身，就含有4.5%的铁；地壳所含的金属元素中，除了铝以外，铁要算是最多的了。

　　人们学会从铁矿石里炼出铁来，是公元前的事。最初，他们用铁制成了犁、锄、铲、斧等工具。这是铁器时代的开始。又过了好多世纪，直到19世纪以后，铁才从小规模的熔铁炉里搬出来，到大规模的高炉里去生产。于是我们才有现代化的钢铁工业。从小螺丝钉到大型机器，从刀剑到大炮坦克，都需要铁；铁是我们制造生产工具和国防武器的重要原料。

　　铁，不但在工业上是这样重要，它和生物界的关系也很密切。据说有些铁矿的形成，和微生物有关。当雨水把大量的铁从各种岩石里冲洗到湖沼里的时候，湖沼里有一种叫作铁菌的细菌就活跃起来，它们以铁为滋养。由于铁菌繁殖的结果，铁就变成豌豆般大小，或者更大的块粒，沉积下来，时间久了，就形成了铁矿。

铁和生物的关系，还不只这一点。如果得不到铁的滋养，全生物界都要发生恐慌：植物的花就要褪色，失去香味，叶子也要枯萎起来，人和动物也要贫血。有了铁，才有叶绿素，靠着它，植物才能吸收阳光，把二氧化碳和水制成淀粉，放出氧气。有了铁，动物的生命才有保证。在脊椎动物的血液里，铁是红血球里的血色素的主要成分。在无脊椎动物的组织里，也少不了它。

铁，真是一种奇妙的"天石"。

1956年9月

灰尘的旅行

灰尘是地球上永不疲倦的旅行者，它随着空气的动荡而漂流。

我们周围的空气，从室内到室外，从城市到郊野，从平地到高山，从沙漠到海洋，几乎处处都有它的行踪。真正没有灰尘的空间，只有在实验室里才能制造出来。

在晴朗的天空下，灰尘是看不见的，只有在太阳的光线从百叶窗的隙缝里射进黑暗的房间的时候，我们才可以清楚地看到无数的灰尘在空中飘舞。大的灰尘肉眼固然也可以看得见，小的灰尘比细菌还小，就是用显微镜也观察不到。

根据科学家测验的结果，在干燥的日子里，城市街道上的空气，每一立方厘米大约有10万粒以上的灰尘；在海洋上空的空气里，每一立方厘米大约有1000多粒灰尘；在旷野和高山的空气里，每一立方厘米只有几十粒灰尘；在住宅区的空气里，灰尘要多得多。

这样多的灰尘在空中游荡着，对于气象的变化发生了不小的影响。原来灰尘还是制造云雾和雨点的小工程师，它们会帮助空气中的水分凝结成云雾和雨点儿，没有它们，就没有白云在天空遨游，也没有大雨和小雨了。没有它们，在夏天，强烈的日光将直接照射在大地上，使气温不能降低。这是灰尘在自然界的功用。

在宁静的空气里，灰尘开始以不同的速度下落，这样，过了许多日子，就在屋顶上、门窗上、书架上、桌面上和地板上，铺上了一层灰尘。这些灰尘，又会因空气的动荡而上升，风把它们吹送到遥远的地方去。

1883年，在印度尼西亚的一个岛上，有一座叫作克拉卡托的火山爆发了。在喷发的时候，岛的大部分被炸掉了，最细的火山灰尘上升到8万米——比珠穆朗玛峰还高8倍的高空，周游了全世界，而且还停留在高空一年多。这是灰尘最高最远的一次旅行了。

如果我们追问一下，灰尘都是从什么地方来的？到底是些什么东西呢？我们可以得到下面一系列的答案：有的是来自山地的岩石的碎屑，有的是来自田野的干燥土末，有的是来自海面的由浪花蒸发后生成的食盐粉末，有的是来自上面所说的火山灰，还有的是来自星际空间的宇宙尘。这些都是天然的灰尘。

还有人工的灰尘，主要是来自烟囱的烟尘，此外还有水泥厂、冶金厂、化学工厂、陶瓷厂、锯木厂、纺织工厂、呢绒工厂、面粉工厂等，这些工厂都是灰尘的制造所。

除了这些无机的灰尘而外，还有有机的灰尘。有机的灰尘来自生物的家乡。有的来自植物之家，如花粉、棉絮、柳絮、种子、孢芽等，还有各种细菌和病毒。有的来自动物之家，如皮屑、毛发、鸟羽、蝉翼、虫卵、蛹壳等，还有人畜的粪便。

有许多种灰尘对于人类的生活是有危害性的。自从有机物参加到灰尘的队伍以来，这种危害性就更加严重了。

灰尘的旅行，对于人类的生活有什么危害性呢？

它们不但把我们的空气弄脏，还会弄脏我们的房屋、墙壁、家具、衣服以及手上和脸上的皮肤。它们落到车床内部，会使机器的光滑部分磨坏；它们停留在汽缸里面，会使内燃机的活塞发生阻碍；它们还会毁坏我们的工业成品，把它们变成废品。这些还是小事。灰尘里面还夹杂着病菌和病毒，它们是我们健康的最危险的敌人。

灰尘是呼吸道的破坏者，它们会使鼻孔不通、气管发炎、肺部受伤，而引起伤风、流行性感冒、肺炎等传染病。如果在灰尘里边混进了结核菌，那就更危险了。所以我们必须禁止随地吐痰。此外，金属的灰尘特别是铅，会使人中毒；石灰和水泥的灰尘，会损害我们的肺，还会腐蚀我们的皮肤。花粉的灰尘会使人发生哮喘病。在这些情况之下，为了抵抗灰尘的进攻，我们必须戴上面具或口罩。最后，灰尘还会引起爆炸，这是严重的事故，必须加以防止。

因此，灰尘必须受人类的监督，不能让它们乱飞乱窜。

我们要把马路铺上柏油，让喷水汽车喷洒街道，把城市和工业区变成花园，让每一个工厂都有通风设备和吸尘设备，让一切生产过程和工人都受到严格的保护。

近年来，科学家已发明了用高压电流来捕捉灰尘的办法。人类正在努力控制灰尘的旅行，使它们不再成为人类的祸害，而为人类的利益服务。

1956年10月

镜子的故事

　　报载：1956年12月，日本本州中部冈山市的一个古墓里发现13面中国古代铜镜，估计有1800多年的历史。这些古镜呈圆形、有花纹，都是用青铜制成的。

　　青铜镜是镜子的祖先，它的发现一向为考古学家所珍视。

　　在100多年以前，考古学家就在埃及一座坟墓里找到一个有柄的金属圆盘，已经生锈，当时人们不知道这个圆盘做什么用。

　　有的说，这个圆盘是用来代替扇子的；有的说，它是一种装饰品；又有的说，这是一个烤饼的烤盘。

　　后来经过试验证实，这是一面青铜镜子。

　　古时候，除了用青铜制造的镜子以外，还有用银子制造的银镜和用钢制造的钢镜。但是，这些金属镜子一遇到潮湿就会发暗生锈，失去本来面目。为了避免这一点，就不能让它们的表面同空气和水分接触。这就需要用玻璃来制造了。

　　从金属镜到玻璃镜，镜子走了一段有趣的历史。

　　在人们还没有学会做玻璃以前，是不懂得制造玻璃镜子的。

　　威尼斯人是制造玻璃的能手，首先发明制造玻璃镜子的也是他们。他们的制法是把水银和锡的合金跟玻璃粘在一起。他们一直保守着这个秘密。

　　于是，欧洲的王公贵族、阔佬名人都到威尼斯去订购镜子。

　　法国有个王后叫作马利·得·美第栖斯，在她结婚的时候，威尼斯共和国[1]曾献给她一面玻璃镜子作为礼物，这面镜子虽然小得很，据说它的价钱却值15万法郎哩。王后很爱它。

爱好镜子竟成了一种风气；镜子变成一种炫耀的东西。当时的贵族都争先恐后地，宁愿什么都不买，却一定要买一面玲珑的镜子。

从此，法国的金钱都流到威尼斯去了。

为了挽回这种利益，法国驻威尼斯大使奉密令，收买两三名做镜子的技师，把他们偷偷地运到法国去。

不久之后，在法国诺曼底地方也建立了一座制造玻璃镜子的工厂。

法国爱买镜子的人更多了。有钱的人都想给自己家里弄到一面镜子。人们开始用镜子装饰床铺、餐桌、椅子和橱柜，甚至于在礼服上也缝上小镜子片，使跳舞的时候在灯光照耀之下闪闪烁烁地发光。这真是美丽呀！

---

[1] 旧时意大利北部的城邦，始建于公元 687 年，1797 年为拿破仑·波拿巴所灭。

镜子的需要一年比一年增加，但是它的质量还很低劣，玻璃表面不平，照出来的嘴脸歪曲不正，而且镜子都很小，不能照全身。

于是人们渴望着有大玻璃镜的出现。

制造大玻璃镜之功，是属于法国人的。但是，制造大玻璃镜就需要用大玻璃板，而把玻璃板磨平和磨光是一件十分细致和沉重的工作，这种工作既吃力又费时间，结果大玻璃镜的价钱就非常昂贵了。

幸而在今天，人们已经发明一种用机器磨玻璃的方法，而且还能使这种方法自动化。这样就使镜子的价格大跌，一般平民也都买得起。

玻璃镜子的制法越来越完善，它的用途也越来越广。

人们已经不再用水银和锡的合金了，而是在玻璃板上涂了一层薄的银子，在它的上面又涂上一层漆来保护这层银子。这样制成了镜子，照出来的影子非常清楚。

现在人们已经能造出一种新式玻璃，一面看去是镜子，一面看去是透明的玻璃。把这种玻璃装在汽车上，就使你能浏览窗外的风光人物，而过路的人却不能望见你，只能看见他自己。

科学技术的进步真令人兴奋。

1957年3月

摩　擦

摩擦是一种自然现象，哪儿有运动，哪儿就会发生摩擦，这用不着大惊小怪的。

在远古的时候，我们的祖先发明了钻木取火的方法，就是利用摩擦的原理。现在，我们天天都要擦火柴，擦火柴就是一种摩擦的作用呀！

在正常的情况下，摩擦现象对于机器的活动是有帮助的，没有它，马达上的皮带就不会转动，车轮就不会向前滚动，一切装在机器上的零件都要松散，各种东西都要滑来滑去站不住脚。这样看来，摩擦是很需要的了。

不过，我们的机器，往往因为摩擦过多而损坏。在这种情况下，摩擦就变成机器的敌人了。

一般说来，物体的表面越粗糙，越不平，它们之间所发生的摩擦越大；反之，物体的表面越光滑、越平坦，它们之间所发生的摩擦越小，这似乎是没有疑问的了。

但是，在这里不要过分地信赖你的眼睛。你的眼睛看上去是十分光滑的东西，如果把它们放在显微镜下仔细观察，仍然会现出许多皱纹，像山地一样高低不平；当它们碰在一起的时候，摩擦的作用仍然在进行。

也有这样的情形：物体的表面很光滑，摩擦的作用反而厉害。这是因为：两个物体之间接触的面很广，距离又极近，物体的分子和分子之间互相吸引，因而产生了阻力，阻碍了物体的运动。像这样的摩擦，就叫作滑动摩擦。

在滑动摩擦的时候，一开始要费很大的力气才能战胜阻力，后来滑动得越快，就越省力气了。这是因为：上面的物体还没有来得及落下去，就被向前推动了。但是，如果物体的重量增加，摩擦的作用也就会加大。所以沉重的东西，容易磨损。

另外有一种摩擦，叫作滚动摩擦，滚动摩擦比滑动摩擦省力。大家知道，滚一根木头比拖一根木头容易，这是因为：在滑动的时候，物体表面凸凹不平的部分，嵌得很紧，硬要把它平拖过去，当然要花很大力气。在滚动的时候，物体不停地转动，所以比较省力，也不容易磨损。

为了减少磨损，很久以来，人们就和摩擦进行了斗争。人们剥光大树的皮，削平石头的角尖，使它们容易滑动；后来，又利用滚木来搬运东西，这是人类利用滚动摩擦来代替滑动摩擦的开始；接着，就有车轮的产生，为远距离运输创造了有利的条件，人们越来越懂得滚动摩擦的好处；后来又发明了滚珠轴承和滚柱轴承，这样，又大大地减小了摩擦的坏影响。

为了减少磨损，人们又发明了润滑油，润滑油这东西，给机器涂上之后，也可以消除摩擦的坏影响。

但是，直到现在，工程师们所发明的润滑油，都没有人体内部所分泌的"润滑油"那样好。

人体是一架奇妙的机器，他的骨骼的关节表面，都在经常不断地互相摩擦着，为了预防摩擦的有害后果，人体在每一个关节里都会分泌出一种"润滑油"。所以在人的一生中，他的关节不断地工作，不断地摩擦，也不会出毛病。

什么时候我们的机器也能像人体一样完善，可就好了。

1957年3月

热 的 旅 行

天气一天比一天冷了。天气越冷，人们就越需要热。

提起热来，就很容易想起太阳、火炉、烧红的铁块、电开水和热汤等等。

热是什么呢？依照科学的说法，热是一种能，就像光、电、原子能、无线电波、食物和燃料一样，都是能。

热是从哪里来的呢？太阳是热的最大源泉，它不断地向宇宙空间放射出它的热。

这种热射到地球表面的只占它所发出的总热量的二万万分之一，这一点儿热量，已经相当于每秒钟烧60万吨煤所产生的热。如果全地球的表面都结成200米厚的冰层，太阳所射到地面上的热量，也足够把它全部融化。

太阳是热的总司令，它指挥着热和寒冷作战。热还有大大小小的指挥官，火就是其中的一种。火是一种燃烧的现象，我们到处都可以见到它：在木炭盆里，在煤火炉里，在煤气炉里，在煤油灯上，在高炉里，在大大小小用火的场合。

电也是一名发热的指挥官，电流通过铜线，铜线就会发红、发热。电灯、电炉、电熨斗都很烫。

此外，摩擦、撞击和压缩空气，也都会发热；食物经过消化，燃料经过燃烧，以及原子核的破裂，也都是热的来源。

在日常生活中，我们时刻都可以发现，热不停地在奔走旅行。从太阳怀里跑到地球身上，这是它的一次长征；从火炉里跑到房间的每一个角落，从开水锅底跑到水面，这是它短距离的赛跑。

热是怎样在旅行呢？经过科学家的分析，热的旅行有三种途径，这就是说，有三种方法可以传热。

第一种方法叫作接触传热。

如果你用手来摸烧红的铁板，你就会大声叫"烫"，如果你光着脚在太阳晒热的水泥地上走动，你就会觉得脚底非常发烧。这些都是接触传热的表现。

如果你拿一瓶热水放在冰块上冰，这一瓶热水很快就变冷了，变成冰水了，这也是接触传热的一个例子——热水接触到冰块而失去它的热。

在接触传热中，热的旅行，都是从热的物体身上跑到冷的物体身上去的，一直到这两种物体之间的温度相等为止。

不论固体、液体和气体，都能接触传热，但以固体传热显得最为便利。

在固体的行列中，金属的传热最快，是最好的导热体；木头、布、橡皮、纸都不善于传热，都是阻热体，而非导热体。所以炉子和锅子的手柄，都是用木头或橡皮做成的。

不流动的空气也不善于传热，因而在建造房屋的时候，为了御寒和防热，常用两层玻璃窗。

第二种传热的方法，是流动传热。水的流动和空气的流动都可以传热。

把水放在玻璃器皿里加热烧开，我们就会观察到热水上升，冷水下降。这就是水流动传热的表现。

空气动荡而成风，不论大风或是微风，都是热空气和冷空气对流的结果。这就是空气流动传热的表现。

一般现代化的房屋，都开辟有上下两个窗口，以流通空气，让热空气从上面的窗口奔出去，让新鲜的冷空气从下面的窗口流进来。

但是，在人口众多的房间里，例如电影院和大礼堂，这样的装置还不够用，就必须有通风设备，用电扇来鼓动空气，使它尽量地流通。

第三种传热的方法，就是辐射传热（这就是说：向周围放射热气）。每一种发热体，都不断地向四面八方放射出它的热。辐射传热，是不依靠实物的，就是在真空中也能进行。太阳的热和光以及其他各种辐射都一直不停地穿过15000万公里的真空区域，才达到地球的表面，历时不过8分钟。它除了把热传给地球和它所遇到的别的东西以外，并不把任何一点儿热留给真空。

火也是一种发热体，它也向四面八方放射它的热。所以在灭火工作中，救火队员不得不戴上面具和披上保护衣，以避免火焰热气的威胁。

这些都是热的旅行的秘密。当人们掌握了这些秘密之后，在御寒和防热的斗争中，就能不断取得胜利。

1957年12月

温度和温度计

一种东西，无论是固体、液体和气体，一般说来，遇到热就会膨胀，遇到冷就会收缩，这道理是大家都明白的。

温度计的制造，就是利用这个道理。

温度计又叫作寒暑表，它是测量热和冷的武器。

温度是什么呢？它不是一种能，而是热和冷的计算；它不是计算一种东西所含的热量，而是计算热和冷的程度。比如，一块砖和半块砖的温度是相等的，而一块砖所含的热量比半块砖所含的热量多出一倍。

冰的温度，算是很低的了，但是它也含有一定的热量，不过它的热量是微不足道的。

人们对于热和冷的感觉是相对的，如果你把手泡在热水里，再泡在温水里，你就会感觉到温水是冷的。如果你把手泡在冰水里，再泡在温水里，你就会感觉到温水是热的。手不是温度计，它不能正确地测验水的温度。

普通的温度计都是用水银或酒精制造的。制造的方法是拿一根一头吹成小泡泡的玻璃管，把水银或酒精装在这小泡泡里，加热让水银或酒精上升，赶走玻璃管里的空气，封闭管口，等到冷却，水银或酒精就要下降，留下真空。然后再划分度数，温度计就制造成功了。

一般说来，水银是不适合于测验冰点以下的温度的，因为它比较容易凝结，所以要测验冰点以下的温度，用酒精温度计较为合适。

相反地，酒精是不适合于测验沸点以上的温度的，因为酒精比较容易煮沸，所以要测验沸点以上的温度，用水银温度计较为合适。

怎样划分度数呢？最常用的划分度数的方法是华氏和摄氏两种。

把温度计的下半截浸在冰水里，让水银下降到不能再下降的地方，划一道线，这就是冰点。这在华氏是零上32度，在摄氏是0度。再把温度计的下半截浸在沸水里，让水银上升到不能再上升的地方，划一道线，这就是沸点。这在华氏是212度，在摄氏是100度。在冰点和沸点之间，再划分度数。华氏把这个距离分作180度，摄氏把这个距离分作100度。

因为玻璃管容易破碎，所以在工业上所用的温度计都用金属来代替玻璃，尤其是在测验高温的时候。

南极探险家所遭遇到的温度，应当是很冷的了，但还有比这更冷的温度。最冷的温度是绝对零度，这在华氏是零下460度，在摄氏是零下273度。但是一直到现在，科学家还不能达到绝对零度，只能达到比绝对零度高一点点。

那么在绝对零度之下，物质是什么样的情况呢？还没有人作过肯定的回答。有的人说：在绝对零度之下，生命是不会存在的，就是最坚固的钢，也要变成碎粉，所有的电流，都可以在电线上毫无阻碍地通过。也有人说：在绝对零度之下，任何物质都不存在，只有真正的空间。

　　绝对零度的研究，对于工业的发展是有极大帮助的。它将为未来的科学开辟广阔的道路。

1958年1月

衣料会议

衣服是人体的保护者。人类的祖先，在穴居野外的时候，就懂得这个意义了。他们把骨头磨成针，拿缝好的兽皮来遮盖身体，这就是衣服的起源。

有了衣服，人体就不会受到灰尘、垃圾和细菌的污染而引起传染病；有了衣服，外伤的危害也会减轻。衣服还帮助人体同天气作不屈不挠的斗争：它能调节体温，抵抗严寒和酷暑的进攻。在冰雪的冬天，它能防止体热发散，在炎热的夏天，它又能挡住那吓人的太阳辐射。

制造衣服的原料叫作衣料。衣料有各种各样的代表，它们的家庭出身和个人成分都不一样。今天，它们都聚集在一起开会，让我们来认识认识它们吧！

棉花、苎麻和亚麻生长在田地里，它们的成分都是碳水化合物。

棉花曾被称作"白色的金子"，它是衣料中的积极分子。从古时候起它就勤勤恳恳为人类服务。在人们学会了编织筐子和席子以后，不久也就学会了用棉花来纺纱织布了。

从手工业到机械化大生产的时代，棉花的子孙们一直都在繁忙紧张地工作着，从机器到机器，从车间到车间，它们到处飘舞着。当它来到缝纫机之前，还得到印染工厂去游历一番，然后受到广大人民的热烈欢迎。

苎麻和亚麻也是制造衣服的能手，它们曾被称作"夏天的纤维"。它们的纤维非常强韧有力，见水也不容易腐烂，耐摩擦、散热快。它们的用途很广，能织各种高级细布，用作衣料既柔软爽身又经久耐穿。

羊毛和皮革都是以牧场为家，它们的成分都是蛋白质。

羊毛是衣料中又轻又软、经久耐用的保暖家，是制造呢料的能手。它们之所以能保暖，是由于在它的结构中有空隙，可以把空气拘留起来。不流动的空气原是热的不良导体，可以使内热不易发散，外寒不易侵入。

在人们驯服了绵羊以后，就逐渐学会了取毛的技术。

皮革不是衣料中的正式代表，因为它不能通风，又不大能吸收水分，因而不能作普通衣服用。可是在衣服的家属里，有许多成员如皮帽、皮大衣、皮背心、皮鞋等都是用它们来制造，它们还经营着许多副业，如皮带、皮包、皮箱等。皮子要经过浸湿、去毛、鞣制、染色等手续，才能变成真正有用的皮革。

像皮革一样，漆布、油布、橡皮布也不是正式代表，它们却有一些特别用途，那就是制造雨衣、雨帽和雨伞。

蚕丝是衣料中的漂亮人物，也是纤维中的杰出人才，它曾被称作"纤维皇后"。它的出身是来自养蚕之家，它的个人成分也是蛋白质。蚕吃饱了桑叶，发育长大后，就从下唇的小孔里吐出一种黏液，见了空气，黏液便结成美丽的丝。蚕丝在自然界中是最细最长的纤维之一，富有光泽，非常坚韧而又柔软，也能吸收水分。

利用蚕丝，首先应当归功于我们伟大祖先黄帝的元妃——嫘祖。这是4500多年前的事。她教会了妇女们养蚕抽丝的技术，她们就用蚕丝织成绸子。其实，有关嫘祖的故事只是一个美丽的传说。真正发明养蚕织绸的，是我国古代的劳动人民。随着劳动人民在这方面的经验和成就的不断积累，蚕丝事业在我国越来越发达起来。公元前数世纪，我国的丝绸就开始出口了，西汉以后成了主要的出口物资之一，给祖国带来了很大的经济利益。

在现代人民的生活里，人们对衣服的要求是多种多样的，而且还要物美价廉，一般的丝织品和毛织品，还不能达到这样的要求，人们正在为寻找更经济、更美观的新衣料而努力着。

近些年来，在市场上，出现了各种品种的人造丝、人造棉、人造皮革和人造羊毛，这些都是衣料会议中的特邀代表。

人造丝来自森林；人造棉来自木材和野生纤维；人造皮革和人造羊毛来自石油城。

衣料会议中，有一位最年轻的代表，它的名字叫作无纺织布，它来自化学工厂。这是世界纺织工业中带有革命性的最新成就。这种布做成衣服能使我们感到：更轻便，更舒服，更保暖防热，更丰富多彩，也更经济。

无纺织布有人叫作"不织的布"，可以用两种方法来生产。第一种是缝合法，把棉、毛、麻、丝等纺织用的原料梳成纤维网，经过反复折叠变成絮层，然后再缝合成布。第二种是黏合法，把纤维网变成絮层，再用橡胶液喷在絮层上黏压成布。

无纺织布是第二次世界大战后的新产品，因为它能利用低级原料，产量高而成本低，还能制造一般纺织工业目前不能制造的品种，所以世界各国都很重视它的发展，它的新品种不断地在出现。

衣料代表真是济济一堂。

在闭幕那一天，它们通过了两项决议。

它们号召：做衣服不要做得太紧，也不要做得太宽。太紧了会压迫身体内部的器官，妨碍肠管的蠕动和血液流通；太宽了妨碍动作，而且不能起保暖的作用。

它们呼吁：衣服要勤洗换，要经常拿出来晒晒太阳，以免细菌繁殖；在收藏起来的时候，还得加些樟脑片或卫生球，预防蛀虫侵蚀。保护衣服就是保护自己的身体。

1959年5月

光和色的表演

节日的首都，艳装盛服，打扮得格外漂亮。到了晚上，各种灯光交相辉映，天安门前焰火大放，更显得光辉灿烂，美丽夺目。这正是光和色大表演的时候。

光来自发光体，这些发光体，有的是天然的，有的是人工的。对于居住在地球上的人来说，最主要的发光体就是太阳。天空里还有无数的恒星，有的比太阳还要庞大而光亮，但是它们离我们的地球都太远了。自然界里虽然还有许多微小的发光体如萤火虫、海底发光的鱼类、发光的细菌以及几种放射性元素，但是它们必须在黑暗中才能显现出来。

在晚上，我们就需要依靠人工发光体——灯火之光——来照明了。暴风雨中的闪电，虽然也是一种发光，但它不能持久。月亮就不是发光体，它的光是太阳所反射出来的。

光从发光体出发，在旅途中，受到各种物质的欢迎。有些物质是透明体，如空气、玻璃和胶片，光射到它们的身上，照例是通行无阻的。有些物质是半透明体，如雾、磨光玻璃和玻璃砖，光到了那里，一部分被反射，一部分被吸收，还有一部分是溜过去了。有些物质是不透明体，如木头、厚布、石板和金属，在这里，光的进军就受到完全的阻挠，不是被反射，就是被吸收。这是光在行进中的三种遭遇。

光遇到平滑的镜子，它的脚步是非常整齐的，因而镜中能留下物影，这是它最惊人的表现；光遇到粗糙的表面，就不是这样。

镜是光的助手，在凹面镜的大力支持下，光的强度是加大了，从小小的手电筒到大大的探照灯，都是利用了这个原理，光变得威风凛凛了。

色是光的女儿，如果让太阳的光线穿过三棱镜，光受到了曲折，就会呈现出一条美丽的色系，由大红而金黄，而黄，而绿，而靛青，而蓝，而紫，这是色的七个姊妹。红以下，紫以外，因为光波太长或太短的缘故，不得而见了。如果我们仔细观察一下，还有许多中间色，这些都是色的儿女，这些色混合在一起，会化作一道白光。

大雨过后，这七个姊妹常常在天空出现，十分美丽，这时候人们把它们叫作"虹"。

人们对于色的知觉，可以分作两派，一派是无色；一派是有色。

无色派就是黑与白及中间的灰色。

有色派就是太阳光色系中的各色，再加上各种混合色，如橄榄色和褐色之类。

有色派又分作两小派，一小派是正色；一小派是杂色。

火焰和血的狂流，都是热烈的殷红；晴朗的天空、海洋的水，都是伟大的蓝；大地上不是一片青青的草、绿绿的叶，就是一片黄黄的沙、紫紫的石，这些都是正色。

傍晚和黎明的霓霞、花儿的瓣、鸟儿的羽、蝴蝶的翅、金鱼的鳞，乃至于化学药品展览室里一瓶一瓶新发明的奇怪染料，这些都是杂色。

人们对于色都有好感。彩色的图画、彩色的电影和彩色的电视，都赢得了观众不少的好评。国庆节的礼花，这是铅、镁、钠、锶、钡、铜等各种金属燃烧后所放出的光和色的联合大表演，更是美丽动人，能使人欢欣鼓舞、精神振奋，进入诗的境界。

1959年9月

蜜蜂的故事

　　蜜蜂爱劳动，是我们学习的榜样。在蜜蜂的社会里，没有不劳而食的，如果蜂群的成员失去劳动能力，不能参加生产，对于蜜蜂的集体生活不产生任何积极作用，都要被驱逐出境。

　　蜜蜂过的是集体生活，它们的组织非常严密，有蜂王，这是母蜂，是蜂群的领导者。它管理着群蜂，大大小小的蜂儿都是它的子子孙孙。有雄蜂，它们的任务是和母蜂交配，不做任何其他事情。有工蜂，它们是蜂群中真正的劳动者，担任着蜂巢内外一切保卫和建设工作，从制造蜂粮到饲喂幼蜂，从保护蜂巢到清理蜂房，从采撷花蜜和花粉到采水和扇风，从酿蜜、制蜡到保持蜂房的气温，一年四季都在紧张地劳动。

　　蜜蜂是采蜜的小技师。在夏季主要的采蜜期，从黎明到黄昏，它们的工作非常繁忙，一刻也不休息。蜜蜂在采蜜时，如果遇到丰富的食料，它们就会在飞行中做出种种舞姿，向它们的伙伴发出信号。蜜蜂是传授花粉的能手。它们是农民的好朋友，它们把花粉敷在后腿上，到处传播，使果树结果，使农作物的产量提高。蜜蜂是最灵巧的建筑师，到春暖花开的时候，它们就开始营造新巢。它们的建筑，都符合几何学、建筑学的规则。

　　蜜蜂的生活和工作，对于人类大有益处。它们酿造的蜜，富有营养价值，它们的蜡，许多工业品都要用到它，就连它们身上的毒刺，也能治疗疾病，使人延年益寿呢！

1960年10月

庄稼的朋友和敌人

庄稼有许多朋友和敌人。

庄稼的朋友，大多数都是化学王国的公民，有的出身在元素的大家庭；有的来自化合物的队伍，它们都是植物的生命建设者和保卫者。

这些朋友以氮、磷、钾三兄弟最受欢迎。这三兄弟就是肥料中的三宝，庄稼不能离开它们而生存，就和不能离开水和二氧化碳一样。

没有氮，就没有蛋白质；没有蛋白质，就没有生命。如果土壤中的氮素不够，植物的茎秆就会变得矮小微弱，叶子发黄，果实减少。

没有磷，细胞核就停止工作，细胞就不能繁殖。

没有钾，光合作用就不能顺利进行，对于病虫害的抵抗力也会减弱。

所以要提高农作物的收获量，这三种元素必须源源不断地加以补充。

除了这三种元素以外，参加植物营养供应的还有钙、硫、镁、铁、硅五位朋友。这五位朋友的需要量对于植物来说虽然不大，在一般土壤里都能找到，但它们的存在也是不可缺少的。

缺少钙，根部和叶子就不能正常发育；

缺少硫，蛋白质的构造就不能完成；

缺少镁和铁，叶绿素就要破产；

缺少硅，庄稼就不能长得壮实。

参加植物生命活动的化学元素，还有硼、铜、锌和锰这几位朋友，因为它们在植物中的含量极其微小，常被认为是杂质而不加重视，现在我们知道，这些元素朋友也是庄稼所需要的。

有了硼，庄稼就能抵抗细菌的侵袭而不会生病。大麻、亚麻、甜菜、棉花等作物尤其需要它。

　　有了铜，也可以使植物不会生病；铜元素又是细胞内氧化过程的催化剂。有了它，大麦、小麦、燕麦、甜菜和大麻的产量就会提高。

　　有了锌，植物的叶子就不会发生大理石状斑纹的毛病。

　　有了锰，就会使土壤更加肥沃。有很多农作物如小麦、稻子、燕麦、大麦、豌豆和苜蓿草等都需要它。

　　庄稼的敌人，给植物的生命以严重的威胁，给农业生产带来了莫大的灾害和损失。

　　第一批敌人，是杂草。杂草是植物界的殖民主义者，它侵占庄稼的土地，掠夺养料和水分，并且给农作物的收割造成巨大的困难。

　　庄稼在它的生命旅途中，要和六十种以上的杂草进行斗争。这时候从化合物的队伍里来了一位庄稼的朋友，叫作生长刺激剂，是一种化学药剂，能抑制各种阔叶杂草的生长，每15亩土地只需要二三斤，就能把杂草的地上部分以及深达地下三分之一米的根部都毒死了，而对于农作物却毫无害处。这种化学药剂，又叫作植物生长调节剂，由于它是一种复杂的有机酸，用它可以防止苹果树的苹果早期脱落，又可以使番茄、茄子、黄瓜、梨和西瓜之类的植物结出无子的果实。

第二批敌人，是啮齿类动物，包括黄鼠、田鼠和家鼠，它们都是谷物的侵略者。估计一头家鼠和它所繁殖的后代，一年内能够吃掉100公斤以上的粮食。在这里，从化合物队伍里又来了一位朋友，叫作磷化锌，是一种有毒的化学药剂，把它和点心混合在一起，老鼠吃了就会毙命。

第三批敌人，就是害虫和病菌，也包括病毒在内。对于农业危害极大的亚洲蝗虫、甜菜的象鼻虫、黑穗病的病菌以及烟草花叶病的病毒等，都是著名的例子。

农业害虫估计共有六千种以上，每年都给粮食作物和经济作物的收成以极大的打击，亏得从化学阵营里又赶来一大批支援农业的队伍，帮助农作物战胜病虫害。例如有一种含砷的化学药剂，叫作亚砷酸钙，它不但可以防治农作物的害虫，也可以用来防治果树的害虫。

还有许多种含铜、含硫和含汞等类的化学药剂，都有杀虫灭菌之功。

此外，以虫治虫、以菌治虫的办法普及以来，庄稼丰收更有了保证。

庄稼有了化学和生物的朋友，就不怕生物界敌人的进攻了。

人们认清了庄稼的朋友和敌人，掌握了它们变化、发展的规律，就能发挥更大的作用，为农业生产服务。

1961年1月

大海的宝藏

  滨海的居民，对于海是熟悉的，人们一见大海，就会觉得海阔天空，一望无际，为之心旷神怡。大海有许多显著的特点，蕴藏着无限的资源，对于大陆上的自然条件，人类生活和工农业生产，都具有密切的关系和深远的影响。我国东南二面临海，连海岛在内，全部海岸线长达2.3365万公里！①大海的宝藏是亟须引起我们注意和研究的课题。

---

① 我国海岸线总长度 3.2 万公里，其中大陆海岸线 1.8 万公里，岛屿海岸线 1.4 万公里。文中为中华人民共和国成立初期的数据。

风云的诞生地

大海是风和云的诞生地。北方的寒流和南方的热浪，经常在它的上空进行搏斗，这就是风的成因；白天它受到阳光的亲吻，把水分蒸发到空中去，遇冷而凝结，这就是云的来历。这样一年四季大海担负着调节气候的工作：它缓和了大陆气候的急剧变化，它调整了地球大气的温度，使人类和动植物得到有利于他们生活的自然条件。

元素的归宿处

大海是地球上各种元素的归宿处。科学家分析海水的结果告诉我们：海水里至少含有58种元素，约占地球所有元素的一半以上。这些元素有一部分是随着河流不远千里万里而来的。它们有的以无机盐的身份散居在水里；有的逐渐下降成为海底沉积物，如石灰质和硅酸盐类。在沉积物的下面，海底还蕴藏着多种多样的矿产资源，如石油和天然气等。有人估计，世界上的石油，约有一半是埋藏在海底，这是一种极其丰富的自然宝藏，它的开发将给人类生活和生产带来巨大的福利和好处。

大家知道，人们可以从海水里取得日常生活所需要的食盐。除了食盐之外，还可以取得各种各样的化工原料、农业肥料、建筑材料和冶金工业用的耐火材料以及锰、镁、钠、钾、钙等各种金属和尖端技术所需要的各种稀有的贵重物质，如铀、钍、锂、锶、重水、重氢等。

生命的摇篮

大海是生命的摇篮。它包含着生命所需要的各种营养物质，又有着生命所必需的生活条件，因此，几乎从每一滴海水里都能找到生物。这些生物，有的漂浮在水面，有的栖息在海底，有的在水中游泳。和陆地比较，海洋中植物种类较少，而动物种类较多。以鱼类为首的脊椎动物和其他动物界代表，如虾、蟹、贝、墨鱼、海星、海蜇、海绵等以及著名的藻类植物海带等，都是以海为家，在海里生息不已。这些形形色色的生物，除了供应人类的食品以外，还可以制成各种药品、工艺品、装饰品、香料、饲料和肥料。

动力的故乡

大海是动力的故乡。海洋的水是在永恒的运动中，海浪的冲击，潮汐的涨落，强大的风力，海面和海底间的温差，都可以转变成为电能；海水里的重氢和钍、铀等物质，海底的石油和天然气也都是非常重要的动力资源。

此外，人们还利用海水的浮力和海水变为淡水的新技术，来解决航运问题和用水问题，使海洋更好地为人民服务。

陆地的开发，虽久已领先，海洋的开发不免有落后之感，未来可做的事情还多着呢！

1962年10月